Temas para Tesis

Pablo Guevara Obando

Derechos de Autor

Dedicatoria

A mi **padre**, por haberme enseñado a leer, escribir y amar a Venezuela, antes de ir a la escuela, él fue mi primer maestro y un ejemplo a seguir en la pasión por la lectura. Paz a su memoria.

A mi **madre**, por sus esfuerzos para que mi educación fuese la mejor dentro de sus posibilidades. Que Dios nos la mantenga viva por muchos años más.

A mis **hermanos y familiares**, por su respaldo incondicional en diferentes momentos de mi vida.

A mi **esposa**, mi alma gemela, quien vino a esta tierra después de mí para continuar amándonos. Ella siempre ha sido el motivo de inspiración en todo lo que emprendo.

A mis **cinco hijos**, en quienes veo reflejado la huella de la herencia genética de sus padres: el ingenio y su amor por la lectura y las artes plásticas.

A mis **colegas universitarios** que me acompañaron en el Grupo de Investigación Tecnológica "TecnoNeuro" en la Universidad Nacional Experimental de la Fuerza Armada (UNEFA), durante el período 2005-2013, generando documentos académicos y poniendo en práctica gran parte del contenido de esta guía, en beneficio de los estudiantes de postgrado, muy especialmente a los profesores Lisbet López, Leocadia Cobos, Marianela Hernández, Reyna Montilla, María Díaz, Ángel Méndez, Manuel Itriago, Hugo Victoria y Juan Guaita.

A mis **alumnos y profesores de los cursos navales** de la Escuela de Postgrado de la Armada (EPAR) y de los postgrados de Gerencia de Mantenimiento, Gobierno Electrónico, Tecnología Educativa, Telecomunicaciones y Tecnologías de la Información y las Comunicaciones, dictados en la UNEFA. A todos ellos mi agradecimiento por aplicar estos procedimientos en la selección de sus temas de investigación.

A mis **compañeros de la promoción 1972 "Congreso de Angostura" del Liceo Militar Gran Mariscal de Ayacucho**, quienes en el tiempo han creado una confraternidad de la cual me siento orgulloso de pertenecer.

A mis **colegas y hermanos del alma, a los oficiales navales de la promoción "Almirante Luis Brión" 1976**, con quienes compartí momentos y aventuras inolvidables en nuestro Mar Caribe y en otros mares.

A **todos mis colegas y alumnos universitarios** con los cuales compartí muchas horas de docencia e investigación desde el año 1989, y en general a todos mis amigos de siempre.

Índice General

Lista de Cuadros

Lista de Gráficos

Prefacio

La presente guía está estructurada en los siguientes tres (3) componentes:

    a. Niveles y Tipos de Investigación y Verbos de los Objetivos.

    b. Procedimientos para definir tu Tema de Investigación.

    c. Áreas de Investigación.

En **Niveles y Tipos de Investigación y Verbos de los Objetivos**, se incluyen en el **Cuadro 1** la relación que existe entre esos elementos de acuerdo a la autora Jacqueline Hurtado de Barrera (2010, 2006), y en el **Cuadro 2** los diferentes tipos de investigación que se realizan según la escritora antes mencionada, Hernández, R. y otros (2006), Cerda, H. (2005) y Sierra, R. (1999). Posteriormente se describen cada uno de los tipos de investigación establecidos por Hurtado de Barrera.

En **Procedimientos para definir tu Tema de Investigación**, se contemplan tres (3) procedimientos, los cuales pueden ser utilizados secuencialmente o seleccionando uno sólo de ellos. En cada uno de ellos se incluye un ejemplo ilustrativo de su aplicación, si aun así, no pudieses definir su Tema de Investigación, tienes la opción de contactarme a través de la página Sobre el Autor y en menos de 24 horas lo tendrás definido. Los procedimientos en cuestión, son los siguientes:

    a. Procedimiento basado en Áreas de Investigación.

    b. Procedimiento basado en la Nomenclatura de Ciencia y Tecnología de la UNESCO.

    c. Procedimiento basado en la Ciencia Abierta.

En **Áreas de Investigación**, se han incluido varios de Temas de Investigación clasificados de acuerdo a la Tipología de Hurtado de Barrera (Exploratoria, Descriptiva, Analítica, Comparativa, Explicativa, Predictiva, Proyectiva, Interactiva, Confirmatoria y Evaluativa) y agrupados en las siguientes seis (6) áreas:

1. Gobierno Electrónico.
2. Mantenimiento.
3. Tecnología Educativa.
4. Tecnología Militar.
5. Tecnologías de la Información y las Comunicaciones.
6. Telecomunicaciones.

Finalmente se agregaron: una Lista de **Páginas Web** sobre otros **Temas de Investigación** que pudieran servirte si no consigues tu tema en este libro; un **Glosario de Términos** que ayuda a comprender cada uno de los temas, de manera tal que sepas que es lo que vas a investigar desde el punto de vista científico o tecnológico; y una lista de **Próximos Títulos del Autor** que contribuyen al desarrollo del Proyecto de Investigación y de la Investigación propiamente dicha.

Espero que esta guía contribuya a seleccionar tu Tema de Investigación en menos de 24 horas, ella ha sido el producto de muchos años dedicados a la realización de tesis y asesoría metodológica.

Capítulo I

Niveles y Tipos de Investigación y Verbos de los Objetivos

Jacqueline Hurtado de Barrera (2010, 2006) clasifica estos elementos en diez (10) tipos de investigación, agrupados en cuatro (4) niveles de investigación y diez (10) grupos de verbos de los objetivos (uno principal y varios alternos) correspondientes a cada tipo de investigación, todo lo cual facilita la especificación de los mismos de una manera coherente dentro del Proyecto de Investigación, tal como se muestra en el **Cuadro 1**:

Cuadro 1. Relación entre Verbos de los Objetivos, Tipo y Nivel de Investigación.

Investigación		Verbos de los Objetivos	
Tipo	Nivel	Principal	Alternos
10 Evaluativa	4 Integrativo	Evaluar	**Valorar, estimar el impacto, estimar la efectividad,** ajustar.
9 Confirmatoria		Confirmar	**Determinar los cambios generados durante…, hacer un seguimiento de…, verificar, comprobar, demostrar, probar, corroborar, contrastar hipótesis,** inducir, inferir.
8 Interactiva		Modificar	**Aplicar, Cambiar, ejecutar, reemplazar, realizar, transformar,** propiciar, motivar, organizar, mejorar, adaptar, sistematizar, reconstruir, reestructurar.
7 Proyectiva	3 Comprensivo	Proponer	**Formular, diseñar, crear, proyectar, inventar, programar, construir,** exponer, presentar, plantear, planificar.
6 Predictiva		Predecir	**Prever, pronosticar, anticipar, estimar (las tendencias, escenarios),** concebir, construir.
5 Explicativa		Explicar	**Entender, inferir, comprender, relacionar, identificar causas, teorizar.**
4 Comparativa	2 Aprehensivo	Comparar	**Contrastar, asemejar, diferenciar, confrontar, cotejar.**
3 Analítica		Analizar	**Interpretar, criticar, juzgar, valorar,** recomponer, desglosar, descifrar, descomponer, separar.
2 Descriptiva	1 Perceptual	Describir	**Diagnosticar, caracterizar, precisar, tipificar, clasificar, detallar (tipologías),** definir, narrar, relatar, concebir, generalizar.
1 Exploratoria		Explorar	**Indagar, descubrir, detectar,** localizar, enumerar, bosquejar, revisar, observar, registrar, reconocer, codificar, diagramar, categorizar, clasificar, catalogar, tabular, identificar.

Cuando el investigador escoge el tema de investigación que desea investigar, simultáneamente selecciona el tipo de investigación y el nivel de la investigación y predefine el objetivo general, dado que cada tipo de investigación pertenece a un nivel específico; siendo casi siempre, el verbo principal correspondiente, el primer elemento en la redacción de su objetivo general, tal como se ilustra en el **Cuadro 1**. La profundidad del nivel de investigación se incrementa de abajo hacia arriba.

Dentro de esos diez (10) tipos de investigación encajan casi todos los demás tipos de investigación descritos en la mayoría de los libros de Metodología de la Investigación, tal como se muestra en el siguiente **Cuadro 2**:

Cuadro 2. Tipos de Investigación.

Tipos de Investigación	Varios Autores			Jacqueline Hurtado de Barrera									
	Hernández, R. y otros (2006).	Sierra, R. (1999)	Cerda, H. (2005)	Exploratoria	Descriptiva	Analítica	Comparativa	Explicativa	Predictiva	Proyectiva	Interactiva	Confirmatoria	Evaluativa
Exploratoria	■			●									
Descriptiva	■	■	■		●								
Histórica		■	■		●								
Comparativa		■					●						
Explicativa	■	■	■					●					
Cuantitativa	■		■					●					
Experimental	■		■					●				●	
Causal Prospectiva	■								●				
Prospectiva		■							●				
Aplicada		■								●			
Acción-Participativa			■								●		
Teórica		■										●	
Crítica- Evaluativa		■											●
Cualitativa, Naturalista, Fenomenológica, Interpretativa o Etnográfica	■		■	●	●	●	●						
Correlacional	■						●	●	●				
Transeccional o Transversal	■	■		●	●	●	●	●					
Estudio de Caso	■		■	●	●	●	●	●	●				
Longitudinal o Evolutiva	■	■		●	●	●	●		●				
No Experimental	■	■		●	●	●	●		●				
Documental			■										

Antes de desarrollar el Proyecto de Investigación, el investigador debe estar completamente seguro del Tipo de Investigación que desea desarrollar, para ello recomiendo la obra **Metodología de la Investigación** de Jacqueline Hurtado de Barrera (2010), donde encontrará todas las fases del proceso operativo y los estadios de cada uno de los tipos citados, así como, los diseños y esquemas de presentación de la investigación, instrumentos, técnicas y demás aspectos metodológicos.

A continuación como una primera aproximación en la escogencia del Tema de Investigación, se describen cada uno de los tipos antes nombrados:

Investigación Exploratoria:

Consiste en indagar acerca de un fenómeno poco conocido, sobre el cual hay poca información o no se han realizado investigaciones anteriores con el fin de explorar la situación....

En los estudios exploratorios se plantea el tema y el contexto a investigar, más no la pregunta de investigación....

La investigación exploratoria concluye con preguntas, no con respuestas. El método en este tipo de investigación se basa en la observación y el registro (Hurtado de Barrera, 2006, p. 101), tal como se ilustra en el **Gráfico 1** que se muestra a continuación:

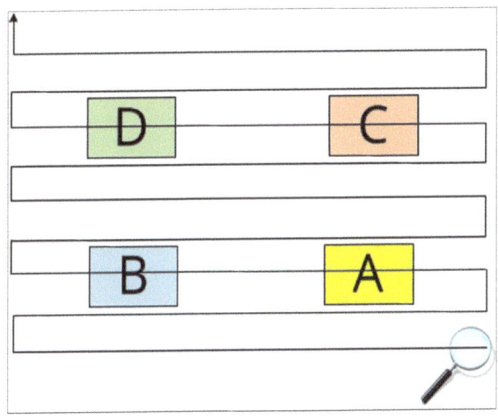

Gráfico 1. Investigación Exploratoria.

Investigación Descriptiva:

Tiene como objetivo la descripción precisa del evento de estudio. Este tipo de investigación se asocia al diagnóstico.... (Hurtado de Barrera, 2006, p. 103).

...Está dirigida a lograr la descripción y caracterización del evento de estudio dentro de un contexto particular. Se efectúa cuando la descripción y caracterización no existen, son insuficientes u obsoletas. Además, la investigación descriptiva está destinada a especificar propiedades importantes de personas, grupos, comunidades, objetos, o cualquier otro evento sometido a investigación; por lo tanto mide diversos aspectos o dimensiones del evento investigado....

Ejemplos de este tipo de investigación son: taxonomías; estudios historiográficos, anatómicos en medicina, topográficos, etc. (Fernández de Silva, 2007, p. 226), tal como se ilustra en el **Gráfico 2** que se muestra a continuación:

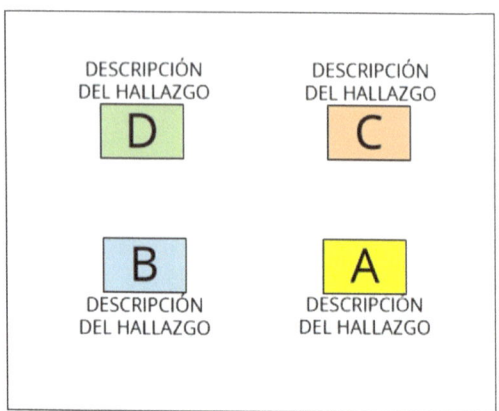

Gráfico 2. Investigación Descriptiva.

Investigación Analítica:

Es aquella que trata de entender las situaciones en términos de sus componentes. Intenta descubrir los elementos que componen cada totalidad y las interconexiones que explican su integración. (Bunge, 1981, citado por Hurtado de Barrera, 2006, p. 106).

Son ejemplos de investigación analítica, los análisis críticos, literarios, filosóficos, situacionales y los análisis de contenido en los medios de comunicación, tal como se ilustra en el **Gráfico 3** que se muestra a continuación:

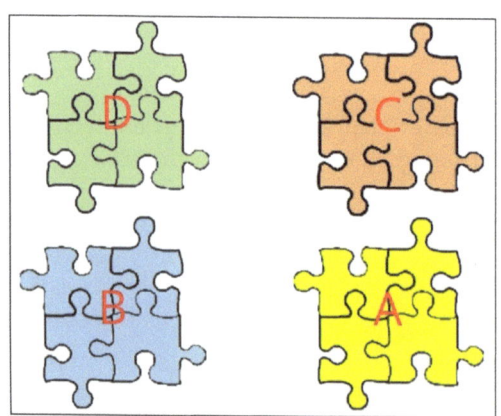

Gráfico 3. Investigación Analítica.

Investigación Comparativa:

...Consiste en establecer o identificar diferencias y semejanzas entre dos realidades o situaciones, o entre dos o más grupos con respecto a un mismo evento;... (Fernández de Silva, 2007, p. 219).

Ejemplos de investigación comparativa son: estudios antropológicos para comparar diferentes culturas, estudios económicos para comparar diferentes políticas económicas, en medicina para comparar diferentes cuadros sintomáticos, en agronomía para comparar variedades de plantas o su desarrollo en diferentes terrenos, o en otras áreas.... (Hurtado de Barrera, 2010, p. 464), tal como se ilustra en el **Gráfico 4** que se muestra a continuación:

Criterios de Comparación	Valores Ideales	Valores Reales	A	B	C	D	Comparación

Gráfico 4. Investigación Comparativa.

Investigación Explicativa:

...Se propone averiguar el porqué del asunto o evento investigado, y trata de explicar la relación entre las causas y las consecuencias del asunto (Fernández de Silva, 2007, p. 230). Intenta descubrir leyes y principios o generar modelos explicativos y teorías (Hurtado de Barrera, 2006, p. 110).

Tipos de explicaciones: científica, nomológica-deductiva, diacrónica, sincrónica (por leyes y causal), histórica, lógica y funcionalista (Cerda, pp. 78-79); nomológica-deductiva particular, nomológica-deductiva general, deductivo estadística, inductivo estadística, teleológica y funcional (Díez y Moulines, 1999, pp. 228-266); nomológica-deductiva, causal, hipotético-deductiva, estadística o estadístico-inductiva, elíptica, parcial, conceptual, genética, funcional o teleológica, por intenciones, por disposiciones, por motivos, por razones e histórica (Shuster, 2005, pp. 36-44); causal, probabilística, teleológicas y funcionales, estructurales o sistémicas (Sierra, 1999, pp. 98-101); contingentes, causales, estructurales, circulares, dinámicas o algorítmicas, teleológicas, y sintagmáticas (Hurtado de Barrera, 2010, p. 495).

Fueron investigaciones explicativas las de Einstein, Freud, Darwin y Newton, las cuales originaron, respectivamente, la teoría de la relatividad, la teoría psicoanalítica, la teoría de la evolución, y la teoría de la gravedad (Fernández de Silva, 2007, p. 230), tal como se ilustra en el **Gráfico 5** que se muestra a continuación:

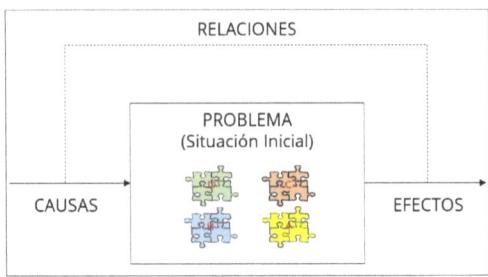

Gráfico 5. Investigación Explicativa.

Investigación Predictiva:

Consiste en prever situaciones futuras, a partir de estudios exhaustivos de la evolución dinámica de los eventos, de su interrelación con el contexto, de las fuerzas volitivas de los actores que intervienen, y del estudio de las probabilidades de que algunos de esos eventos pudieran presentarse, entre otras cosas....

La investigación predictiva tiene aplicaciones en diversas áreas del conocimiento y del quehacer humano, tales como la determinación de tendencias económicas, la estimación de probabilidad de éxito de inversiones, la anticipación de las posibilidades de éxito de un nuevo producto en el mercado, la previsión de consecuencias derivadas de nuevos desarrollos tecnológicos, la realización de pronósticos de ventas, la previsión de riesgos políticos, riesgos financieros, estudios de factibilidad y en general anticipar posibilidades futuras que sirvan como guías para la planificación y la acción misma.(Hurtado de Barrera, 2010, pp. 542-544).

Son ejemplos de investigación predictiva los estudios de proferencia y las investigaciones por escenarios que se llevan a cabo en el área de la economía y la planificación (Fernández de Silva, 2007, p. 236), tal como se ilustra en el **Gráfico 6** que se muestra a continuación:

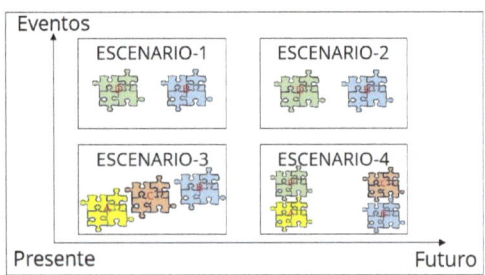

Gráfico 6. Investigación Predictiva.

Investigación Proyectiva:

Consiste en la elaboración de una propuesta, un plan, un programa, un procedimiento, un aparato..., como solución a un problema o necesidad de tipo práctico, ya sea de un grupo social, de una institución, o de una región geográfica, en un área particular del conocimiento, a partir de un diagnóstico preciso de las necesidades del momento, de los procesos explicativos involucrados y de las tendencias futuras.... abarca el campo de la tecnología, pues ésta aborda problemas prácticos, se centra en aplicaciones concretas, en dar respuesta al cómo hacer las cosas, inspirada en los procesos de investigación ....también se le llama "investigación tecnológica" (Rietveld, Alamo y Natera, 2006, citado por Hurtado de Barrera. 2010, p. 567).

...La investigación proyectiva potencia el desarrollo tecnológico, ya que el diseño de maquinarias, los proyectos arquitectónicos, los inventos, etc., generados a partir de una investigación son investigaciones proyectivas. También lo son los planes, programas y proyectos sociales, culturales, educativos, recreativos, informáticos, etc. que conducen a inventos, a programas, a diseños o a creaciones que, basadas en la indagación metódica, están dirigidas a cubrir una determinada necesidad, es decir, la investigación proyectiva tiene que ver con la invención, y con los procesos de planificación, mediante los cuales se prevén acontecimientos futuros (Fernández de Silva, 2007, pp. 237-238), tal como se ilustra en el **Gráfico 7** que se muestra a continuación:

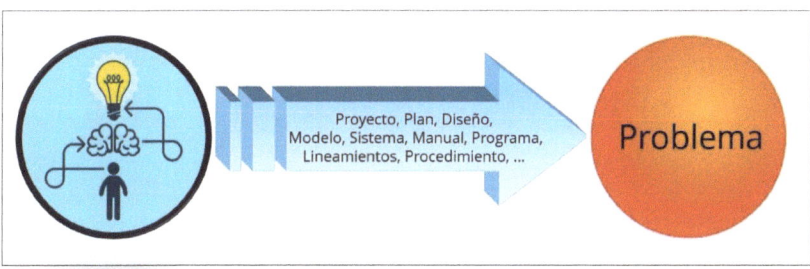

Gráfico 7. Investigación Proyectiva.

Investigación Interactiva:

... Es interactiva toda investigación que implique intervención del investigador, como la aplicación de diseños, planes, programas y proyectos....no se conforma con hacer una propuesta, sino que la ejecuta mediante la puesta en práctica de las actividades, estrategias y líneas de acción formuladas en el diseño, proyecto, plan de acción o programa formulado en el estadio proyectivo de la misma investigación, o formulado en una investigación proyectiva ya realizada, por él mismo o por otros investigadores....ejecuta acciones para modificar un evento, y recoge información durante el proceso con el fin de reorientar la actividad; en este proceso se genera conocimiento nuevo.

...La investigación acción y la investigación-acción-participativa son modalidades de este tipo de investigación (Fernández de Silva, 2007, pp. 234-235), tal como se ilustra en el **Gráfico 8** que se muestra a continuación:

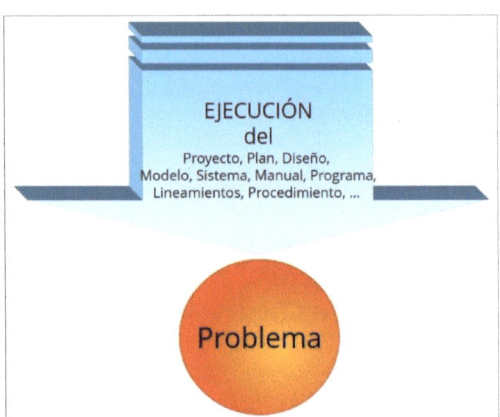

Gráfico 8. Investigación Interactiva.

Investigación Confirmatoria:

Este tipo de investigación requiere de una explicación previa o una serie de supuestos o hipótesis, los cuales se desean confirmar. Dependiendo del proceso utilizado para llegar a la confirmación, se presenta bajo dos modalidades (Rivera Márquez, 1984, citado por Hurtado de Barrera. 2006, pp. 122-123):

a. **Demostración lógico-matemática**: Cuando se demuestra un teorema lógico matemático, no se recurre a la experiencia; es suficiente con el conjunto de postulados y definiciones y la utilización de las reglas de inferencia deductiva. La demostración de los teoremas es una deducción. En este tipo de investigación, la validez está dada por la coherencia del enunciado dado con un sistema de ideas admitido previamente (Bunge, 1981). Las investigaciones relacionadas con la filosofía, la matemática y algunas de informática, por lo general corresponden a esta categoría.

b. **Verificación empírica**: Es aquella cuyo objetivo consiste en verificar la veracidad de una hipótesis derivada de una teoría, a partir de la experiencia directa. En este tipo de investigación, la coherencia con un sistema de ideas aceptado previamente es necesaria, pero no suficiente; además de esto se requiere que los enunciados sean verificables a través de la experiencia, ya sea mediante la observación o mediante la experimentación; en otras palabras, la experiencia puede decir si una hipótesis es aceptable, pero solo temporalmente, pues el conocimiento está sujeto a constante revisión.

La verificación requiere de la explicación y de la predicción. Cuando se ha descrito bien y se ha explicado, se puede predecir el efecto a partir de la causa, o inferir la causa a partir del efecto. El primer caso conduce a los diseños cuasiexperimentales y experimentales, el segundo caso conduce a los diseños expofacto. En el primer caso, la predicción, puede ser comprobada mediante experimentación, en el segundo caso, mediante observación o recopilación de datos a partir de diferentes instrumentos.

Este tipo de investigación se ilustra en el **Gráfico 9** que se muestra a continuación:

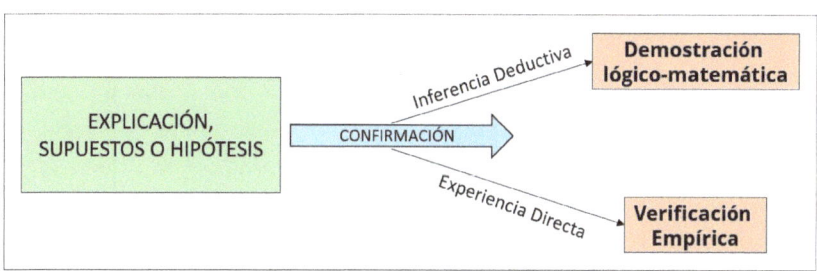

Gráfico 9. Investigación Confirmatoria.

Investigación Evaluativa:

Es aquella que evalúa y valora los resultados de un programa con el fin de proporcionar información útil para la toma de decisiones con respecto a la administración y desarrollo del programa evaluado. … indaga si los objetivos que se han planteado en un determinado diseño, programa, plan o proyecto están siendo alcanzados e identifica los aspectos del proceso que contribuyen o entorpecen el logro de dichos objetivos. … es realizada con el propósito de apreciar la mayor o menor efectividad de un proceso (Fernández de Silva, 2007, pp. 228-229), tal como se ilustra en el **Gráfico 10** que se muestra a continuación:

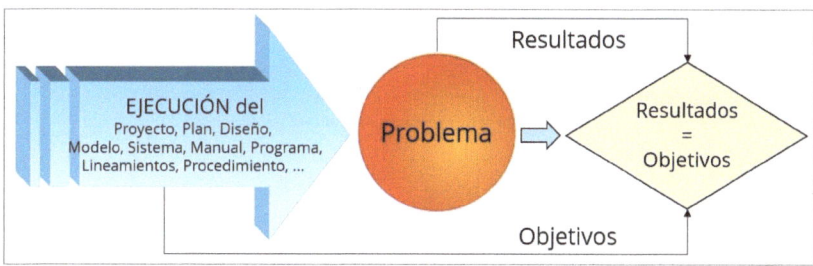

Gráfico 10. Investigación Evaluativa.

Tomando en consideración las definiciones anteriores, una misma investigación puede ser continuada y profundizada siguiendo la secuencia que se ilustra en el siguiente **Gráfico 11**:

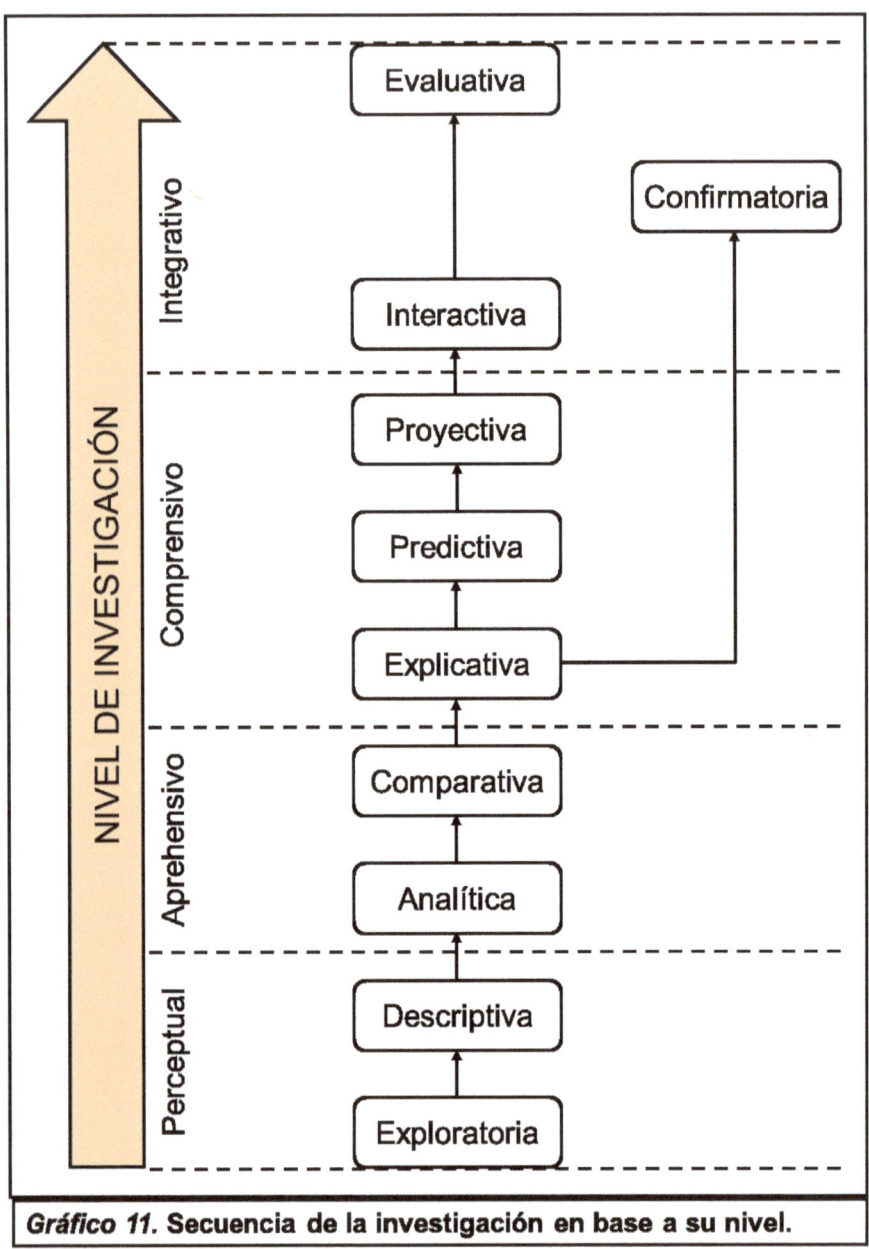

Gráfico 11. **Secuencia de la investigación en base a su nivel.**

Capítulo II
Procedimientos para definir tu Tema de Investigación

Para definir tu Tema de Investigación, esta Guía contempla tres (3) procedimientos:

2.1. Procedimiento basado en Áreas de Investigación.
2.2. Procedimiento basado en la Nomenclatura de Ciencia y Tecnología de la UNESCO.
2.3. Procedimiento basado en la Ciencia Abierta.

Cada uno de ellos ha sido ilustrado con un ejemplo incluido dentro del procedimiento para facilitar su comprensión.

Tienes dos (2) caminos para utilizarlos: de manera **secuencial** comenzando con el de Áreas de Investigación y terminando con el de Ciencia Abierta, o **selectivamente**, escogiendo el que más te guste. Para ello, **previamente** debes leer cada uno de ellos.

Al final de ellos, si no logras definir tu Tema de Investigación, tienes la opción de contactarme a través de la página Sobre el Autor y en menos de 24 horas tendrás definido tu Tema de Investigación.

2.1. Procedimiento basado en Áreas de Investigación

Este procedimiento está fundamentado en 6 **Áreas de Investigación** (Gobierno Electrónico, Mantenimiento, Tecnología Educativa, Tecnología Militar, Tecnologías de la Información y las Comunicaciones, y Telecomunicaciones) dentro de las cuales hay una lista de **Temas de Investigación** ordenados por **Tipos de Investigación** (Exploratoria, Descriptiva, Analítica, Comparativa, Explicativa, Predictiva, Proyectiva, Interactiva, Confirmatoria y Evaluativa).

Primero hay que determinar el **Tipo de Investigación** que se desea realizar y luego si la investigación corresponde a alguna de esas **áreas**, seleccionar el **Tema** que más se adapte a lo que se quiere investigar. **Si correspondiese a otra área**, solamente habría que efectuar algunos **cambios en la redacción del tema** para adecuarlo a lo que se quiere investigar. Esta actividad hay que realizarla en conjunto con el Asesor Metodológico y el Tutor.

La secuencia es: (1) Tipo de Investigación (2) Área de Investigación (3) Tema de Investigación (4) Ajustes del Tema con el Asesor Metodológico y el Tutor.

A continuación se ilustra mediante el **Gráfico 12** y luego se describen cada uno de los pasos de este procedimiento:

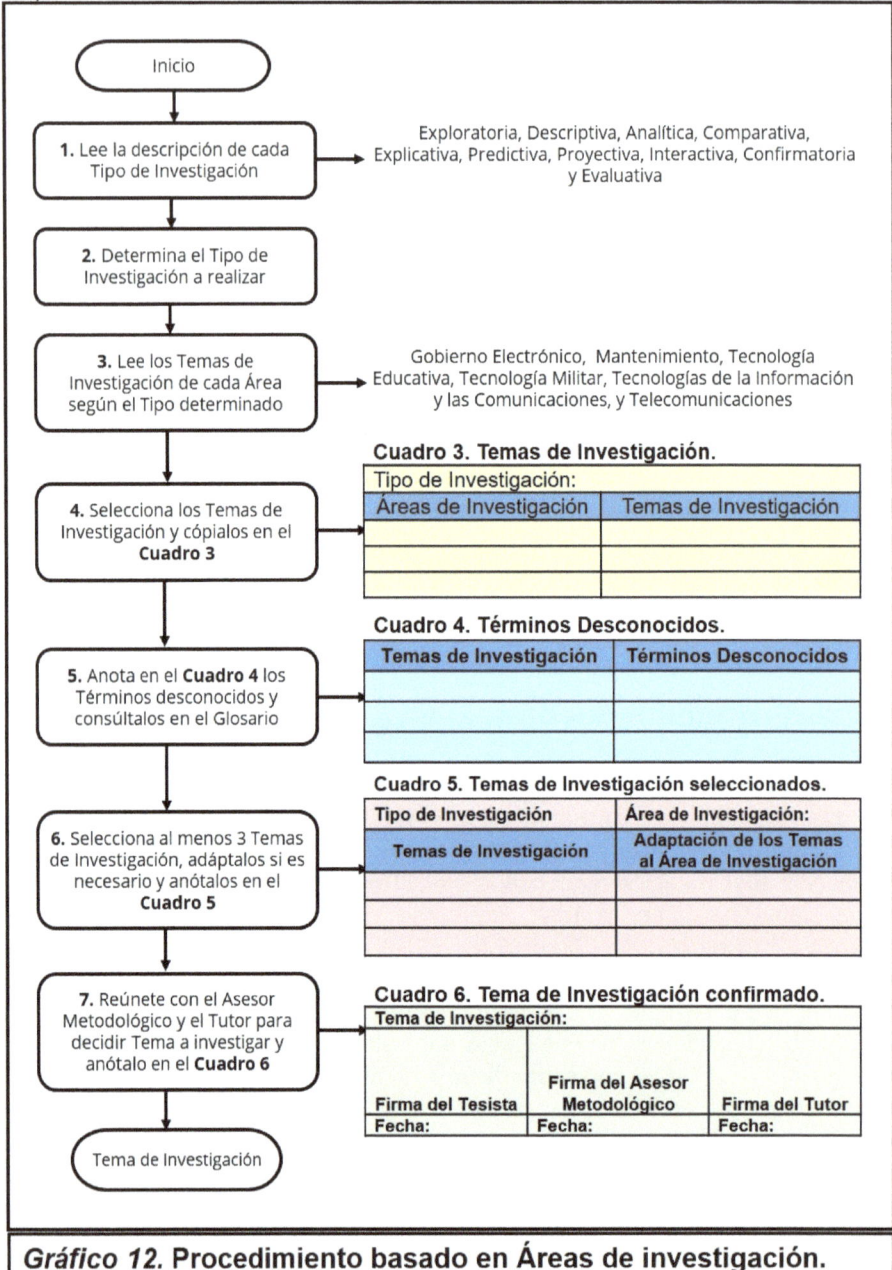

Gráfico 12. **Procedimiento basado en Áreas de investigación.**

1. Lee detenidamente la descripción de cada uno de los siguientes **Tipos de Investigación**:

a. Exploratoria.
b. Descriptiva.
c. Analítica.
d. Comparativa.
e. Explicativa.

f. Predictiva.
g. Proyectiva.
h. Interactiva.
i. Confirmatoria.
j. Evaluativa.

2. Determina el **Tipo de Investigación** que más te apasiona y en el cual posees fortalezas vinculadas con tu profesión, experiencia y herramientas metodológicas que dominas. Supongamos que sea: Proyectiva.

3. Lee los **Temas de Investigación** correspondientes al Tipo de Investigación determinado, ubicados en las **Áreas de Investigación** que se mencionan a continuación:

a. Gobierno Electrónico.
b. Mantenimiento.
c. Tecnología Educativa.
d. Tecnología Militar.

e. Tecnologías de la Información y las Comunicaciones.
f. Telecomunicaciones.

4. Selecciona los **Temas de Investigación** que más te llamaron la atención dentro de las diferentes Áreas de Investigación y cópialos en el **Cuadro 3**:

Cuadro 3. Temas de Investigación.

Tipo de Investigación: Proyectiva.	
Áreas de Investigación	**Temas de Investigación**
Gobierno Electrónico	Observatorio nacional de la investigación universitaria.
Mantenimiento	Sistema de Gestión para el mantenimiento de instituciones de educación superior.
Tecnología Educativa	Concepción Sistémica de la Educación Nacional centrada en eLearning.
Tecnología Militar	Diseño de un Centro de Adiestramiento Táctico Virtual para la Armada Nacional.
Tecnologías de la Información y las Comunicaciones	Sistema de Información Gerencial basado en tecnología Web de egresados universitarios. Caso: Universidad X.
Telecomunicaciones	Opciones de interconexión de unidades educativas nacionales.

5. Anota en el **Cuadro 4**, los **términos** cuyos significados desconozcas y consúltalos en el **Glosario de Términos.** El objetivo de este paso es que definas claramente en que consiste lo que vas a investigar. Si hay alguna palabra que no consigas en dicho glosario,

búscala en un diccionario especializado, tanto en Internet como físicamente o en las siguientes páginas: significados.com, definicion.de y definicionabc.com:

Cuadro 4. Términos Desconocidos.

Temas de Investigación	Términos Desconocidos
Observatorio nacional de la investigación universitaria.	Observatorio.
Sistema de Gestión para el mantenimiento de instituciones de educación superior.	Sistema de Gestión.
Diseño de un Centro de Adiestramiento Táctico Virtual para la Armada Nacional.	Diseño.
Concepción Sistémica de la Educación Nacional centrada en eLearning.	Concepción Sistémica, eLearning.
Sistema de Información Gerencial basado en tecnología Web de egresados universitarios. Caso: Universidad X.	Sistema de Información Gerencial.
Opciones de interconexión de unidades educativas nacionales.	Opciones.

6. Selecciona al menos **tres (3) temas** que te atraigan, tomando en consideración la investigación que deseas desarrollar. Si ninguna de las áreas corresponde al área donde vas a efectuar el estudio, adapta los temas al área correspondiente y anota esa información en el **Cuadro 5**:

Cuadro 5. Temas de Investigación seleccionados.

Tipo de Investigación: Proyectiva.	Área de Investigación: Educación.
Temas de Investigación	**Adaptación de los Temas al Área de Investigación**
Tema-1: Observatorio nacional de la investigación universitaria.	**Tema-1:** Ídem.
Tema-2: Concepción Sistémica de la Educación Nacional centrada en eLearning.	**Tema-2:** Concepción Sistémica de la Educación Universitaria centrada en eLearning.
Tema-3: Opciones de interconexión de unidades educativas nacionales.	**Tema-3:** Opciones de interconexión de universidades públicas nacionales.

7. Reúnete con tu **Asesor Metodológico** y con tu **Tutor**, es muy conveniente que estén presentes los tres o dos (si el asesor y tutor son la misma persona), para decidir en conjunto el tema que vas a investigar y posibles cambios a que haya lugar. Una vez efectuado eso, LISTO, ya tienes tu **Tema de Investigación**. Como constancia deben firmar en el **Cuadro 6**:

Cuadro 6. Tema de Investigación confirmado.

Tema de Investigación: Concepción Sistémica de la Educación Universitaria centrada en eLearning.		
Firma del Tesista	**Firma del Asesor Metodológico**	**Firma del Tutor**
Fecha:	Fecha:	Fecha:

2.2. Procedimiento basado en la Nomenclatura de Ciencia y Tecnología de la UNESCO

El presente procedimiento está basado en la Nomenclatura de Ciencia y Tecnología de la UNESCO, la cual es una taxonomía que clasifica a las ciencias y las tecnologías existentes hasta la fecha, en tres (3) niveles: **campo**, **disciplina** y **subdisciplina**. Toda investigación debe estar enmarcada dentro de una ciencia o tecnología, lo más delimitada posible, yendo de lo general a lo particular; esta clasificación facilita ese trabajo.

Al igual que en el procedimiento anterior (2.1.), primero hay que determinar el **Tipo de Investigación** que se desea realizar; luego enmarcar la investigación dentro de un **campo**, **disciplina** y **subdisciplina** de la Nomenclatura de Ciencia y Tecnología de la UNESCO; precisar el **Problema** que se desea resolver dentro de esa subdisciplina, ayudándose con las áreas y temas presentados en esta guía; y finalmente ajustar el Tema de Investigación en conjunto con el Asesor Metodológico y el Tutor.

La secuencia es: (1) Tipo de Investigación (2) Campo - Disciplina - Subdisciplina (3) Problema (Área de Investigación - Tema de Investigación) (4) Ajustes del Tema con el Asesor Metodológico y el Tutor.

Este procedimiento (2.2.) lo puedes utilizar cuando ninguno de los Temas de Investigación definidos con el procedimiento anterior (2.1.) se adaptase a lo que deseas investigar, tal como se ilustra en el **Gráfico 13** y se describe a posteriori:

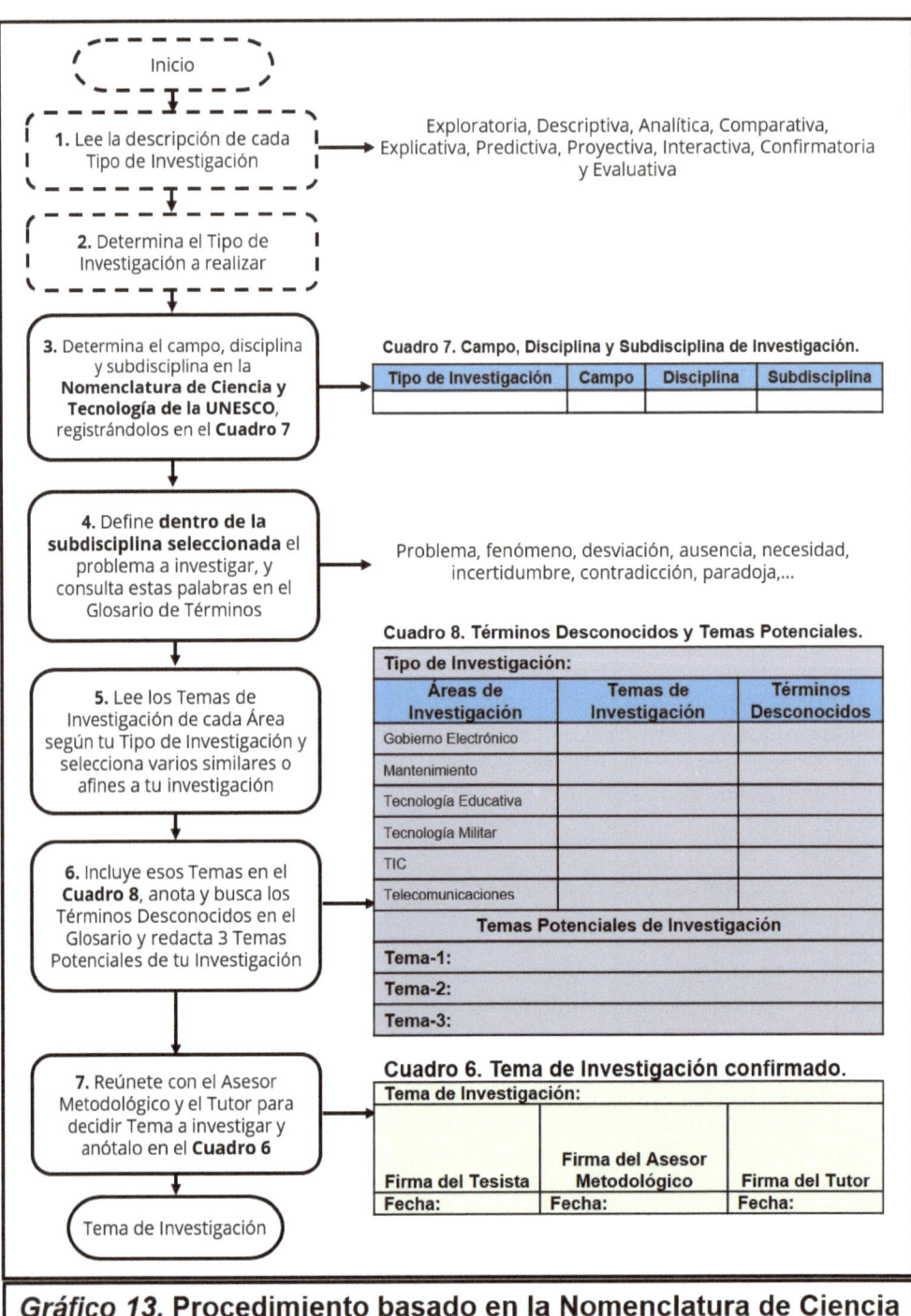

Inicio

1. Lee la descripción de cada Tipo de Investigación → Exploratoria, Descriptiva, Analítica, Comparativa, Explicativa, Predictiva, Proyectiva, Interactiva, Confirmatoria y Evaluativa

2. Determina el Tipo de Investigación a realizar

3. Determina el campo, disciplina y subdisciplina en la **Nomenclatura de Ciencia y Tecnología de la UNESCO**, registrándolos en el **Cuadro 7**

Cuadro 7. Campo, Disciplina y Subdisciplina de Investigación.

Tipo de Investigación	Campo	Disciplina	Subdisciplina

4. Define **dentro de la subdisciplina seleccionada** el problema a investigar, y consulta estas palabras en el Glosario de Términos → Problema, fenómeno, desviación, ausencia, necesidad, incertidumbre, contradicción, paradoja,...

5. Lee los Temas de Investigación de cada Área según tu Tipo de Investigación y selecciona varios similares o afines a tu investigación

6. Incluye esos Temas en el **Cuadro 8**, anota y busca los Términos Desconocidos en el Glosario y redacta 3 Temas Potenciales de tu Investigación

Cuadro 8. Términos Desconocidos y Temas Potenciales.

Tipo de Investigación:		
Áreas de Investigación	**Temas de Investigación**	**Términos Desconocidos**
Gobierno Electrónico		
Mantenimiento		
Tecnología Educativa		
Tecnología Militar		
TIC		
Telecomunicaciones		
Temas Potenciales de Investigación		
Tema-1:		
Tema-2:		
Tema-3:		

7. Reúnete con el Asesor Metodológico y el Tutor para decidir Tema a investigar y anótalo en el **Cuadro 6**

Cuadro 6. Tema de Investigación confirmado.

Tema de Investigación:		
Firma del Tesista	**Firma del Asesor Metodológico**	**Firma del Tutor**
Fecha:	Fecha:	Fecha:

Tema de Investigación

Gráfico 13. **Procedimiento basado en la Nomenclatura de Ciencia y Tecnología de la UNESCO.**

1. Se supone que ya has leído detenidamente la descripción de cada uno de los siguientes **Tipos de Investigación**: Exploratoria, Descriptiva, Analítica, Comparativa, Explicativa, Predictiva, Proyectiva, Interactiva, Confirmatoria y Evaluativa.

2. Determinaste el **Tipo de Investigación** que más te apasiona y en el cual posees fortalezas vinculadas con tu profesión, experiencia y herramientas metodológicas que dominas. Supongamos que sea: Proyectiva.

3. Ahora debes determinar el **campo, disciplina y subdisciplina** donde deseas realizar ese **Tipo de Investigación**, consultando para ello en Internet la **Nomenclatura de Ciencia y Tecnología de la UNESCO** (Una vez en la página haz clic donde dice: Consultar nomenclatura), registrándolos en el **Cuadro 7**:

Cuadro 7. Campo, Disciplina y Subdisciplina de Investigación.

Tipo de Investigación	Campo	Disciplina	Subdisciplina

A continuación te muestro los **veinticuatro (24) campos de dicha nomenclatura**, siguiendo el enlace de cualquiera de ellos (Ciencia o Tecnología), podrás acceder a las disciplinas y subdisciplinas para llenar la tabla anterior:

11 Lógica	54 Geografía
12 Matemáticas	55 Historia
21 Astronomía y Astrofísica	56 Ciencias Jurídicas y Derecho
22 Física	57 Lingüística
23 Química	58 Pedagogía
24 Ciencias de la Vida	59 Ciencia Política
31 Ciencias Agrarias	61 Psicología
32 Ciencias Médicas	62 Ciencias de las Artes y las Letras
33 Ciencias Tecnológicas	63 Sociología
51 Antropología	71 Ética
52 Demografía	72 Filosofía
53 Ciencias Económicas	

Cada uno de esos campos está dividido en varias **disciplinas** y éstas a su vez en **subdisciplinas**. Si haces clic en cualquier campo, automáticamente aparecen las disciplinas que lo conforman, e igual con las disciplinas para mostrar sus subdisciplinas. Para ilustrarlo abramos el campo 58 Pedagogía y veamos sus **disciplinas**.

Ahora debes escoger la **disciplina** en la cual efectuarías la investigación (Estás delimitando el área temática, yendo de lo general a lo específico):

5801 Teoría y métodos educativos
5802 Organización y planificación de la educación
5803 Preparación y empleo de profesores

5899   Otras especialidades pedagógicas (especificar)

Si haces clic en cualquier disciplina, automáticamente aparecen las subdisciplinas que la conforman. Para ilustrarlo abramos la disciplina **5802 Organización y planificación de la educación** y veamos sus **subdisciplinas**.

Del grupo que se muestra a continuación, debes decidirte por una **subdisciplina** en la cual efectuarías la investigación:

> 5802.01   Educación de adultos
> 5802.02   Organización y dirección de las instituciones educativas
> 5802.03   Desarrollo de asignaturas
> 5802.04   Niveles y temas de educación
> 5802.05   Educación especial: minusválidos y deficientes mentales
> 5802.06   Análisis, realización de modelos y planificación estadística
> 5802.07   Formación profesional
> 5802.99   Otras (especificar)

Supongamos que sea la   **5802.02   Organización y dirección de las instituciones educativas**. De esta manera has delimitado el área temática hasta el nivel de subdisciplina de acuerdo a   la **Nomenclatura de Ciencia y Tecnología de la UNESCO**. El **Cuadro 7** quedaría lleno como se muestra a continuación:

Cuadro 7. Campo, Disciplina y Subdisciplina de Investigación.

Tipo de Investigación	Campo	Disciplina	Subdisciplina
Proyectiva	Pedagogía	Organización y planificación de la educación	Organización y dirección de las instituciones educativas

4. Ahora debes definir dentro de la **subdisciplina seleccionada**, cuál es el **problema** que investigarás. Antes de hacerlo, debes consultar en el **Glosario de Términos** en el orden en el cual se presentan, el significado de las siguientes palabras: **problema, fenómeno, desviación, ausencia, necesidad, incertidumbre, contradicción, paradoja** y cualquier otro término que te sugieran tanto tu Asesor Metodológico como tu Tutor. Si no estuviese en el **Glosario de Términos**, consulta las siguientes páginas: significados.com, definicion.de y definicionabc.com.

5. Guiándote por el Tipo de Investigación que seleccionaste, lee los **Temas de Investigación** correspondientes a ese tipo, ubicados en las **Áreas de Investigación** que se mencionan a continuación y selecciona varios similares o afines a lo que deseas investigar: **Investigación** Gobierno Electrónico, Mantenimiento, Tecnología Educativa, Tecnología Militar, Tecnologías de la Información y las Comunicaciones, y Telecomunicaciones.

6. Incluye esos Temas de Investigación en el **Cuadro 8**. Anota los **términos** cuyos significados desconozcas y búscalos en el **Glosario de Términos**. El objetivo de este paso es

que conozcas claramente en que consiste lo que vas a investigar. Si hay alguna palabra que no consigas en dicho glosario, búscala en un diccionario especializado, tanto en Internet como físicamente o en las siguientes páginas: significados.com, definicion.de y definicionabc.com. Redacta 3 Temas Potenciales de Investigación:

Cuadro 8. Términos Desconocidos y Temas Potenciales.

Tipo de Investigación: Proyectiva.		
Áreas de Investigación	**Temas de Investigación**	**Términos Desconocidos**
Gobierno Electrónico	Observatorio nacional de la investigación universitaria.	Observatorio.
Mantenimiento	Sistema de Mantenimiento basado en mejoramiento continuo.	Sistema de Mantenimiento.
Tecnología Educativa	Programa de Gestión de Conocimiento en el área de tecnología. Caso: X.	Programa de Gestión de Conocimiento.
Tecnología Militar	Diseño de un Centro de Adiestramiento Táctico Virtual para la Armada Nacional	Diseño.
Tecnologías de la Información y las Comunicaciones	Sistema de Información Gerencial basado en tecnología Web de egresados universitarios. Caso: Universidad X.	Sistema de Información Gerencial.
Telecomunicaciones	Indicadores de Gestión para monitorear un Sistema de Telecomunicaciones.	Indicadores de Gestión.
Temas Potenciales de Investigación		
Tema-1: Observatorio nacional de la investigación universitaria.		
Tema-2: Sistema de Información Gerencial basado en tecnología Web de egresados universitarios. Caso: Universidad X.		
Tema-3: Indicadores de Gestión para monitorear el Sistema Educativo Universitario.		

7. Finalmente somete a la consideración de tu **Asesor Metodológico** y **Tutor**, el Titulo definitivo de tu Tema de Investigación. Una vez efectuado eso, LISTO, ya tienes tu **Tema de Investigación**. Como constancia deben firmar en el **Cuadro 6**:

Cuadro 6. Tema de Investigación Confirmado.

Tema de Investigación: Observatorio nacional de la investigación universitaria.		
Firma del Tesista	**Firma del Asesor Metodológico**	**Firma del Tutor**
Fecha:	Fecha:	Fecha:

2.3. Procedimiento basado en la Ciencia Abierta

El presente procedimiento está basado en la llamada **Ciencia Abierta**, conocida también como **Ciencia 2.0, Investigación Abierta, Investigación Compartida**, entre otros nombres similares, dentro de la cual, un investigador puede darle continuidad a los resultados de una investigación propia o de otro investigador para llevarla a un tipo superior, como por ejemplo, tomar una Investigación Proyectiva y realizar una Investigación Interactiva, materializando así la Propuesta presentada en la investigación anterior.

Esto facilita la selección del Tema de Investigación, dado que el trabajo se centra en revisar y seleccionar dentro de las universidades, comenzando donde se estudia, un Trabajo de Investigación de los aprobados con la máxima calificación y ciertas distinciones honoríficas y posteriormente desarrollar una investigación a un nivel superior.

Al igual que en los dos (2) procedimientos anteriores (2.1. y 2.2.), primero hay que determinar el **Tipo de Investigación** que se desea realizar; luego en la(s) Universidad(es) revisar y seleccionar al menos seis (6) Tesis aprobadas de nivel inferior a la tuya; colocarle a cada una de ellas un nuevo título correspondiente al Tipo de Investigación que deseas realizar a un tipo superior; y finalmente ajustar el Tema de Investigación en conjunto con el Asesor Metodológico y el Tutor.

 La secuencia es: (1) Tipo de Investigación (2) Seleccionar 6 Tesis aprobadas en una Universidad (3) Colocar Título a cada Tesis a un tipo superior (4) Ajustes del Tema con el Asesor Metodológico y el Tutor.

Este procedimiento (2.3.) lo puedes realizar cuando en ninguno de los dos (2) procedimientos anteriores (2.1. y 2.2.) lograste definir tu **Tema de Investigación**, tal como se ilustra en el **Gráfico 14** y se describe a posteriori:

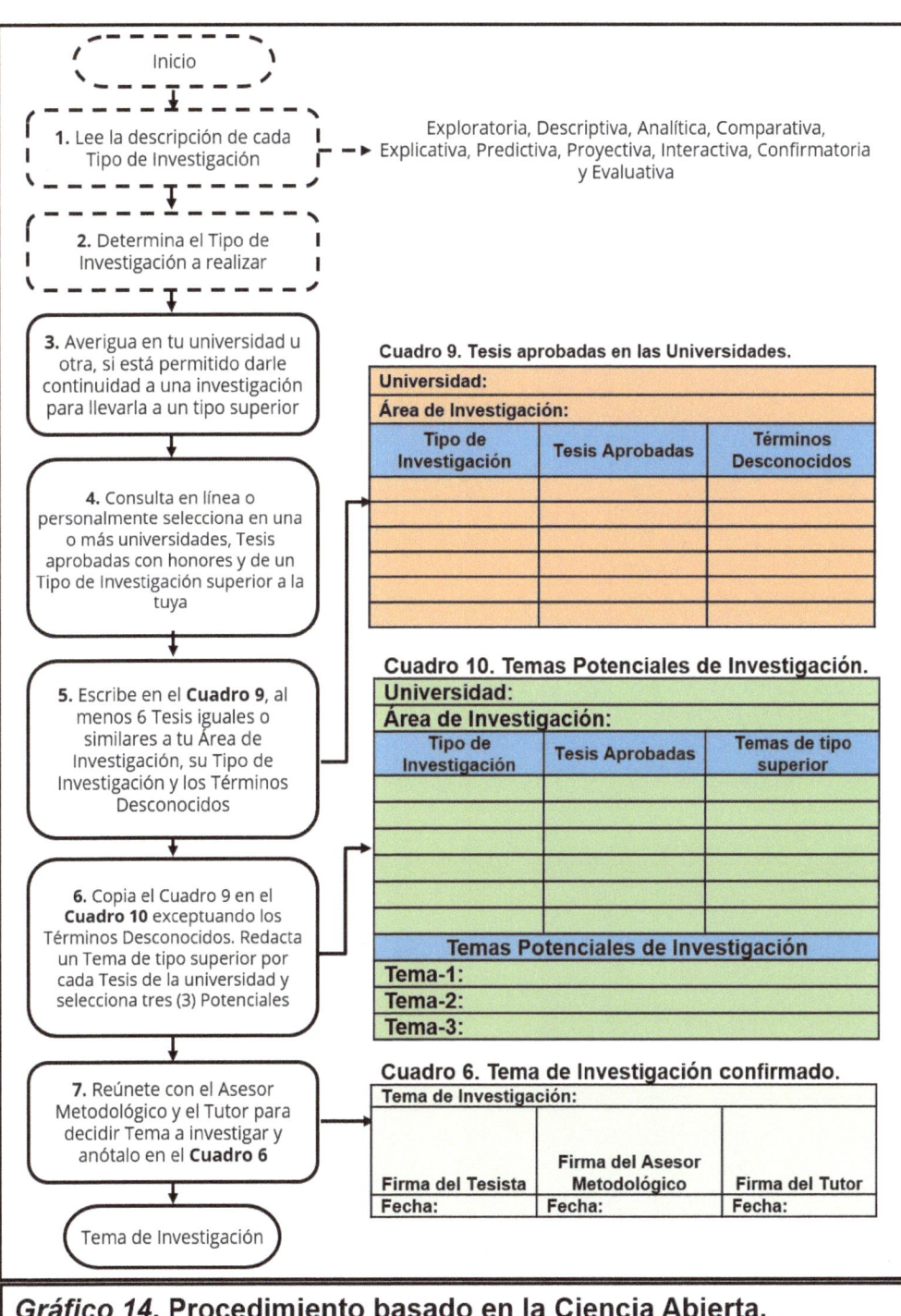

Gráfico 14. Procedimiento basado en la Ciencia Abierta.

1. Se supone que ya has leído detenidamente la descripción de cada uno de los siguientes **Tipos de Investigación**: Exploratoria, Descriptiva, Analítica, Comparativa, Explicativa, Predictiva, Proyectiva, Interactiva, Confirmatoria y Evaluativa.

2. Determinaste el **Tipo de Investigación** que más te apasiona y en el cual posees fortalezas vinculadas con tu profesión, experiencia y herramientas metodológicas que dominas.

3. Averigua en tu universidad, **si está permitido darle continuidad a una investigación para llevarla a un nivel superior**, dentro de la misma Línea de Investigación u otra. Si eso no fuera posible, realiza la misma pesquisa en otras universidades nacionales y extranjeras, hasta que consigas dicho objetivo.

4. Consulta en línea el sitio donde tu universidad o la universidad seleccionada, publica los datos de las Tesis Aprobadas. Si esto no fuese posible, entonces visita personalmente dicho sitio, normalmente es la Biblioteca. Selecciona las Tesis que hayan sido aprobadas con la máxima calificación y honores dentro del área que deseas investigar y de un **Tipo de Investigación por debajo del que deseas realizar**.

5. Elabora el **Cuadro 9**, incluyendo las **Tesis** seleccionadas (al menos 6) pertenecientes a una misma Área de Investigación igual o similar a la tuya, su **tipo de investigación** y los **términos** cuyos significados desconozcas, buscando su significado en el Glosario de Términos de cada tesis o dentro del texto del mismo y en última instancia en el **Glosario de Términos** de esta guía. El objetivo de este paso es que conozcas claramente en que consistió cada tesis de acuerdo a su marco referencial. Si hay alguna palabra que no consigas en ninguna de esas fuentes, búscala en un diccionario especializado, tanto en Internet como físicamente o en las siguientes páginas: significados.com, definicion.de y definicionabc.com:

Cuadro 9. Tesis aprobadas en las Universidades.

Universidad:		
Área de Investigación:		
Tipo de Investigación	**Tesis Aprobadas**	**Términos Desconocidos**

6. En el **Cuadro 10** copia la misma información del **Cuadro 9**, excepto los Términos Desconocidos. Guiándote por el Tipo de Investigación que seleccionaste, lee los **Temas de Investigación** correspondientes a ese tipo, ubicados en las **Áreas de Investigación** de esta guía (Gobierno Electrónico, Mantenimiento, Tecnología Educativa, Tecnología Militar, Tecnologías de la Información y las Comunicaciones, y Telecomunicaciones) y redacta un

Tema por cada Tesis Aprobada (Deben ser muy parecidos a las Tesis que seleccionaste en la Universidad). De esas 6 Tesis, selecciona las tres (3) que más te atraigan:

Cuadro 10. Temas Potenciales de Investigación.

Universidad:		
Área de Investigación:		
Tipo de Investigación	Tesis Aprobadas	Temas de tipo superior
Temas Potenciales de Investigación		
Tema-1:		
Tema-2:		
Tema-3:		

7. Finalmente somete a la consideración de tu **Asesor Metodológico** y **Tutor**, el Titulo definitivo de tu Tema de Investigación. Una vez efectuado eso, LISTO, ya tienes tu **Tema de Investigación**. Como constancia deben firmar en el **Cuadro 6**:

Cuadro 6. Tema de Investigación Confirmado.

Tema de Investigación:		
Firma del Tesista	Firma del Asesor Metodológico	Firma del Tutor
Fecha:	Fecha:	Fecha:

Si con ninguno de los tres (3) procedimientos anteriores (2.1., 2.2. ó 2.3.) lograste definir tu Tema de Investigación, por favor, contáctame a través de la página Sobre el Autor, suministrándome la siguiente información: nombres y apellidos, universidad, nombre del pregrado o postgrado, que quieres investigar, tipo de investigación, fortalezas profesionales, experiencia y herramientas metodológicas que dominas. Si compraste el libro, **te definiré tu Tema de Investigación en menos de 24 horas**, sin costo alguno.

Capítulo III
Área de Investigación: Gobierno Electrónico

El **Gobierno Electrónico** o **Administración Electrónica** es el uso de las TIC en los órganos de la Administración para mejorar la información y los servicios ofrecidos a los ciudadanos, orientar la eficacia y eficiencia de la gestión pública e incrementar sustantivamente la transparencia del sector público y la participación de los ciudadanos. Todo ello, sin perjuicio de las denominaciones establecidas en las legislaciones nacionales. (CLAD, 2007, p. 7).

El Gobierno Electrónico abarca las siguientes áreas:

- **Gobierno a Ciudadano (G2C):** Acceso a servicios de información, educación, impuestos, pago de facturas, solicitud de certificados, seguro social, registro civil, cultura, elecciones y empleo.

- **Gobierno a Empresa (G2B):** Acceso a información, subvenciones, obligaciones legales, declaración y pago de impuestos, patentes, licitaciones, compras públicas, inscripción de empresas, registro de proveedores, y venta en línea.

- **Gobierno a Empleado (G2E):** Acceso a servicios de información, servicios de desarrollo profesional, atención a los funcionarios públicos, difusión de beneficios, ofertas de empleo, gestiones internas, capacitación y participación.

- **Gobierno a Gobierno (G2G):** Intercambio de información entre instituciones públicas, provisión de servicios centralizados, compras públicas y licitaciones. (Naser y Concha, 2011, p. 18).

3.1. Investigaciones exploratorias:

- Catalogación de técnicas gerenciales de gobierno electrónico fundamentadas en la sabiduría popular nacional.

- Clasificación de los portales de gobierno electrónico de la Administración Pública Nacional.

- Identificación de estrategias de neuromarketing aplicadas en los portales de la Administración Pública Nacional.

- Identificación de estrategias tecnológicas facilitadoras del comercio electrónico entre la banca y el mercado mundial.

- Indagación de los portales más interactivos de gobierno electrónico de la Administración Pública Nacional.

3.2. Investigaciones Descriptivas:

- Caracterización de la epistemología de Gobierno Electrónico.

- Caracterización de los servicios al ciudadano promovido por los portales de gobierno electrónico en las dimensiones de e-participación y e-gobernanza.

- Descripción de los estándares mundiales establecidos para el desarrollo de portales de gobierno electrónico.

- Diagnóstico del desarrollo de los portales de gobierno electrónico para el servicio al ciudadano en los municipios del estado X.

- Diagnóstico del uso de software libre en portales de gobierno electrónico nacionales.

- Taxonomía de los portales de gobierno electrónico nacionales implementados hasta el año aaaa.

- Taxonomía de metodologías que pueden aplicarse en el desarrollo de portales de gobierno electrónico.

- Taxonomía del software que puede aplicarse en el desarrollo de portales de gobierno electrónico.

- Tipificación de los enfoques teóricos para el análisis del gobierno electrónico como una herramienta para la democratización.

3.3. Investigaciones Analíticas:

- Análisis Crítico del marco legal vigente en el país aplicado al desarrollo de portales de gobierno electrónico.

- Análisis Crítico de los portales de gobierno electrónico nacionales.

- Análisis Cronológico de los portales de gobierno electrónico implementados a nivel nacional durante el período XXXX-XXXX.

- Análisis de la factibilidad y viabilidad de los infocentros.

- Análisis de la participación ciudadana en el gobierno electrónico de los organismos públicos del sector educación.
- Análisis de las empresas nacionales competentes para desarrollar portales de gobierno electrónico.
- Análisis de las estrategias de gobierno electrónico ofrecida por los organismos públicos nacionales.
- Análisis del uso y transferencia de tecnología Web en el desarrollo de portales de gobierno electrónico en…X.

3.4. Investigaciones Comparativas:

- Comparación de las metodologías de desarrollo de portales de gobierno electrónico.
- Comparación de los portales de gobierno electrónico nacionales a nivel estadal.
- Comparación de los portales de gobierno electrónico nacionales a nivel municipal.
- Comparación de los portales de gobierno electrónico nacionales versus los mejores a nivel mundial.
- Comparación de los portales de gobierno electrónico nacionales.
- Comparación de los portales de gobierno electrónico operativos en la nación desde el año aaaa.
- Comparación del Observatorio del Ministerio de Ciencia y Tecnología versus sus similares a nivel mundial.

3.5. Investigaciones Explicativas:

- Aproximación teórica derivada de la experiencia acumulada de gobierno electrónico durante el período XXXX-XXXX. Caso: País X.
- Explicación de la contribución de los portales de gobierno electrónico al desarrollo endógeno de un área geográfica.
- Explicación de la contribución de los portales de gobierno electrónico a la profundización de la democracia.
- Explicación de las causas, efectos y relaciones de los portales de gobierno electrónico exitosos.
- Explicación Situacional de las interrelaciones entre el Sistema Nacional Financiero y la cibercriminalidad y la legitimación de capitales.

3.6. Investigaciones Predictivas:

- Prospectiva de las competencias fundamentales del Especialista en Gobierno Electrónico de acuerdo a la competitividad mundial y las necesidades del país.

- Prospectiva de las competencias fundamentales del Magíster en Gobierno Electrónico de acuerdo a la competitividad mundial y las necesidades del país.
- Tendencias de desarrollo de los portales de gobierno electrónico en servicios de salud a nivel nacional.
- Tendencias mundiales de los portales de gobierno electrónico.
- Tendencias regionales de los portales de gobierno electrónico.

3.7. Investigaciones Proyectivas:

- Empoderamiento de comunidades urbanas organizadas a través de la gobernanza electrónica.
- Estrategia de gobierno electrónico para la gestión del proceso de la oferta académica de pregrado en la Universidad X.
- Estrategia para la implementación de una estructura digital sostenible para los portales de los organismos públicos nacionales.
- Estrategia para la optimización de la gestión de la seguridad de los portales de gobierno electrónico.
- Estrategias Administrativas para el desarrollo del gobierno electrónico en la Agencia Nacional para Actividades Espaciales.
- Estrategias de G2G para la gestión de documentos electrónicos oficiales.
- Estrategias de Gestión del Cambio en la automatización de los procesos logísticos del componente militar X.
- Estrategias de Gestión para la e-ciudadanía en el Ministerio del Poder Popular para la Salud.
- Estrategias de gobierno electrónico para la promoción ciudadana de la cultura preventiva de desastres.
- Estrategias de gobierno electrónico para optimizar la gestión de servicios del Fondo Administrativo de Salud para el personal del Servicio de Inteligencia Nacional.
- Estrategias de Inteligencia Colectiva para la Compañía Telefónica Nacional.
- Estrategias Gerenciales para descentralizar la oficina de atención al ciudadano de la Inspectoría General de Tribunales.
- Estrategias Gerenciales para la implementación del gobierno electrónico en el Ministerio del Poder Popular para el Servicio Penitenciario.
- Estrategias para el fortalecimiento de redes ciudadanas en la formulación de políticas públicas y la deliberación con otros ciudadanos municipales a nivel nacional.

- Estrategias para la aplicación de gobierno electrónico en los ejes de desconcentración territorial.
- Estrategias para la gobernabilidad electrónica en las comunidades urbanas organizadas.
- Extranet de Monitoreo de las obras de ingeniería del componente militar X.
- Extranet para las comunidades urbanas organizadas a nivel nacional.
- Formulación de un modelo ideal de desarrollo de portales de gobierno electrónico.
- Gestión de la información de la Universidad X bajo el ambiente de gobierno electrónico.
- Gestión Tecnológica de historias médicas integradas basadas en tecnologías Web.
- Intranet de la gestión administrativa integral de la empresa X.
- Marco Referencial para desarrollar metaobservatorios de gobierno electrónico.
- Metaobservatorio de los derechos humanos en nuestra nación.
- Metodología de desarrollo de observatorios y metaobservatorios.
- Metodología para desarrollar portales de gobierno electrónico desde un enfoque cibernético.
- Metodología para evaluar los portales de gobierno electrónico.
- Metodología para implementar portales de gobierno electrónico.
- Modelo de Gestión de gobierno electrónico para dar servicios administrativos a docentes. Caso: Docentes adscritos a la Dirección de Educación del estado X.
- Modelo de Gestión Pública basado en el gobierno electrónico y la participación ciudadana.
- Modelo de servicios de estampado de tiempo para infraestructura de certificación electrónica nacional.
- Modelo para desarrollar portales de gobierno electrónico.
- Observatorio basado en benchmarking del desarrollo nacional versus el desarrollo mundial.
- Observatorio de comunidades de alto riesgo.
- Observatorio de cooperativas nacionales.
- Observatorio de proyectos educativo nacionales. Caso: Proyecto X.
- Observatorio del desarrollo tecnológico mundial.
- Observatorio nacional de drogas.

Capítulo IV
Área de Investigación: Mantenimiento

Según la Norma Europea EN 13306: 2017 (Maintenance – Maintenance terminology):

El **Mantenimiento** es la combinación de todas las acciones técnicas, administrativas y gerenciales durante el ciclo de vida de un ítem con el fin de mantenerlo, o restaurarlo, a un estado en el cual pueda desempeñar la función requerida.

El Mantenimiento abarca las siguientes áreas:

- **Mantenimiento Mejorativo:** Cambio de la fiabilidad, mantenibilidad y seguridad sin modificación de la función original.

- **Mantenimiento Preventivo:** Mantenimiento Predeterminado y Mantenimiento Basado en Condición (Mantenimiento Predictivo y Mantenimiento Activo).

- **Mantenimiento Correctivo:** Mantenimiento Correctivo Inmediato y Mantenimiento Correctivo Diferido.

- **Mantenimiento Programado:** Mantenimiento Predeterminado, Mantenimiento Basado en Condición y Mantenimiento Correctivo Diferido.

- **Mantenimiento No Programado:** Mantenimiento Correctivo Inmediato y Mantenimiento de Oportunidad. (Sexto, 2017).

4.1. Investigaciones Exploratorias:

- Catalogación de las herramientas gerenciales existentes a nivel mundial aplicables a la gestión de mantenimiento.

- Identificación de los componentes del capital humano nacional responsable de gerenciar sistemas de mantenimiento.

- Implementación de un observatorio nacional de la investigación universitaria.
- Implementación de un observatorio nacional de la seguridad vial.
- Implementación de un observatorio nacional de la violencia.
- Implementación de un observatorio nacional del narcotráfico.

3.9. Investigaciones Confirmatorias:

- Comprobación de la eficiencia de los portales de gobierno electrónico de la Administración Pública Nacional durante el período XXXX-XXXX. Caso: X.
- Confirmación de la simplificación de los trámites administrativos de la ciudadanía al utilizar portales de gobierno electrónico. Caso: X.
- Corroboración de la adecuación de la metodología con la cual fueron desarrollados los portales de gobierno electrónico de la Administración Pública Nacional durante el lapso aaaa-aaaa.
- Determinación de los cambios generados en zonas poco digitalizadas donde se aplicaron portales de gobierno electrónico. Caso: X.
- Verificación del nivel de obsolescencia de los portales de gobierno electrónico de la Administración Pública Nacional. Caso: Organismo X.

3.10. Investigaciones Evaluativas:

- Cuantificación de los costos político, social y económico de implementar un portal de gobierno electrónico para la Administración Pública Nacional.
- Cuantificación del impacto logrado por el gobierno nacional con sus portales de gobierno electrónico.
- Evaluación de las distintas características de gobierno electrónico en los estados del país.
- Evaluación de la efectividad de la gestión de soporte de servicios ofrecidos por la Compañía Telefónica Nacional como estrategia de gobierno electrónico.
- Evaluación del impacto logrado por los portales de gobierno electrónico implementados a nivel nacional durante el período XXXX-XXXX.

- Implementación de un metaobservatorio electrónico del Sistema Nacional de Salud.
- Implementación de un metaobservatorio electrónico del Sistema Nacional de Educación.
- Implementación de un metaobservatorio electrónico del Sistema Nacional de Seguridad Interna.
- Implementación de un metaobservatorio electrónico del Sistema Nacional de Turismo.
- Implementación de un metaobservatorio electrónico del Sistema Nacional de Transporte Marítimo.
- Implementación de un metaobservatorio electrónico del Sistema Nacional de Transporte Aéreo.
- Implementación de un metaobservatorio electrónico del Sistema Nacional Vial.
- Implementación de un metaobservatorio electrónico del Sistema Nacional de Acueductos.
- Implementación de un metaobservatorio electrónico nacional de la delincuencia.
- Implementación de un metaobservatorio electrónico nacional de las pequeñas y medianas empresas.
- Implementación de un metaobservatorio electrónico nacional de las cooperativas.
- Implementación de un metaobservatorio electrónico nacional de los núcleos de desarrollo endógeno.
- Implementación de un metaobservatorio electrónico nacional del sector deportivo.
- Implementación de un metaobservatorio electrónico nacional del sector económico.
- Implementación de un metaobservatorio electrónico nacional del sector alimentario.
- Implementación de un metaobservatorio electrónico nacional del Sistema Nacional de Transporte Terrestre.
- Implementación de un observatorio nacional de la corrupción administrativa.
- Implementación de un observatorio de benchmarking del desarrollo nacional versus el desarrollo mundial.
- Implementación de un observatorio del desarrollo tecnológico mundial.
- Implementación de un observatorio nacional de comunidades de alto riesgo.

- Observatorio nacional de la corrupción administrativa.
- Observatorio nacional de la investigación universitaria.
- Observatorio nacional de los programas de infocentros.
- Observatorio nacional de seguridad vial.
- Observatorio nacional de violencia.
- Observatorio nacional del narcotráfico.
- Oficina Virtual de una empresa de telecomunicaciones. Caso: Empresa X.
- Optimización Gerencial del Sistema de Información Web de la red de biotecnología agrícola nacional con énfasis en herramientas de educación biotecnológicas agrícolas.
- Portal de gestión de empleos para la Administración Pública Nacional.
- Portal de gestión de servicios comunitarios. Caso: Parroquia X.
- Portal de técnicas de innovación para personas sin formación científica.
- Portal para la simplificación de trámites administrativos en la importación de alimentos a nuestro país. Caso: Importadora de Alimentos X.
- Reubicación de los infocentros nacionales a través de un análisis multifocal.
- Sistema centralizado de pagos de servicios públicos a través de la plataforma de la Compañía Telefónica Nacional.
- Sistema de Contraloría Social a partir de una estrategia de gobierno electrónico para la gestión de políticas de promoción de la salud. Caso: X.
- Sistema de Gestión Administrativa de documentos estudiantiles de la zona educativa del estado X a través de Internet.
- Sistema de Información Estratégica para la implementación de gobierno electrónico en las notarías.
- Sistema de Monitoreo en línea del pago de garantías y acreencias del fondo de protección social de los depósitos bancarios.
- Tecnologías de gobierno electrónico para la participación comunitaria en el área educativa ambiental.

3.8. Investigaciones Interactivas:

- Desarrollo de estrategias en gobierno electrónico para la socialización de informaciones y la participación ciudadana en la conservación, manejo y aprovechamiento sustentable de la diversidad biológica nacional.
- Implementación de un metaobservatorio electrónico del Sistema Eléctrico Nacional.

- Identificación de los componentes del mantenimiento de la infraestructura deportiva nacional.
- Identificación de los componentes del mantenimiento de la infraestructura de la cadena alimentaria nacional.
- Identificación de los componentes del mantenimiento de las zonas suburbanas nacionales.
- Identificación de los componentes del mantenimiento de los bienes nacionales muebles.
- Identificación de los componentes del mantenimiento de los edificios públicos nacionales.
- Identificación de los componentes del mantenimiento del parque automotor nacional.
- Identificación de los componentes del mantenimiento del parque computacional nacional.
- Identificación de los componentes del mantenimiento del parque industrial nacional.
- Identificación de los componentes del mantenimiento del sector farmacéutico nacional.
- Identificación de los componentes del mantenimiento del Sistema Militar Nacional.
- Identificación de los componentes del mantenimiento del Sistema Nacional de Telecomunicaciones.
- Identificación de los componentes del mantenimiento del Sistema Nacional de Salud Pública.
- Identificación de los componentes del mantenimiento del Sistema Nacional de Aseo Urbano.
- Identificación de los componentes del mantenimiento del Sistema Nacional de Transporte Terrestre.
- Identificación de los componentes del mantenimiento del Sistema Nacional de Transporte Aéreo.
- Identificación de los componentes del mantenimiento del Sistema Nacional de Transporte Marítimo.
- Identificación de los componentes del mantenimiento del Sistema Nacional de Educación Pública.

- Identificación de los componentes del mantenimiento del Sistema Nacional de Turismo.
- Identificación de los componentes del mantenimiento del Sistema Nacional de Acueductos.
- Identificación de los componentes del mantenimiento del Sistema Policial de Seguridad Nacional.

4.2. Investigaciones Descriptivas:

- Caracterización de la predisposición de los ciudadanos a la conservación y mantenimiento de los bienes nacionales públicos.
- Diagnóstico de herramientas gerenciales aplicables a la gestión de mantenimiento.
- Diagnóstico de tecnologías aplicables a la gestión de mantenimiento.
- Diagnóstico del capital humano nacional responsable de gerenciar sistemas de mantenimiento.
- Diagnóstico del mantenimiento de la infraestructura de la cadena alimentaria nacional.
- Diagnóstico del mantenimiento de la infraestructura deportiva nacional.
- Diagnóstico del mantenimiento de las zonas suburbanas nacionales.
- Diagnóstico del mantenimiento de los bienes nacionales muebles.
- Diagnóstico del mantenimiento de los edificios públicos nacionales.
- Diagnóstico del mantenimiento del parque automotor nacional.
- Diagnóstico del mantenimiento del parque computacional nacional.
- Diagnóstico del mantenimiento del parque industrial nacional.
- Diagnóstico del mantenimiento del sector farmacéutico nacional.
- Diagnóstico del mantenimiento del Sistema Militar Nacional.
- Diagnóstico del mantenimiento del Sistema Nacional de Acueductos.
- Diagnóstico del mantenimiento del Sistema Nacional de Aseo Urbano.
- Diagnóstico del mantenimiento del Sistema Nacional de Educación Pública.
- Diagnóstico del mantenimiento del Sistema Nacional de Salud Pública.
- Diagnóstico del mantenimiento del Sistema Nacional de Telecomunicaciones.
- Diagnóstico del mantenimiento del Sistema Nacional de Transporte Terrestre.
- Diagnóstico del mantenimiento del Sistema Nacional de Transporte Aéreo.

- Diagnóstico del mantenimiento del Sistema Nacional de Transporte Marítimo.
- Diagnóstico del mantenimiento del Sistema Nacional de Turismo.
- Diagnóstico del mantenimiento del Sistema Policial de Seguridad Nacional.
- Taxonomía de herramientas gerenciales que pueden aplicarse en la gestión de mantenimiento.
- Taxonomía de la capacitación del capital humano nacional para gerenciar sistemas de mantenimiento.
- Taxonomía de metodologías de mantenimiento.
- Taxonomía de modelos de mantenimiento.
- Taxonomía de normas y disposiciones legales a nivel nacional e internacional aplicables a la gestión de mantenimiento.
- Taxonomía de organizaciones gerenciales típicas de mantenimiento.
- Taxonomía de Sistemas de Información Gerencial para la gestión y control de mantenimiento.
- Taxonomía de tecnologías que pueden aplicarse en la gestión de mantenimiento.

4.3. Investigaciones Analíticas:

- Análisis Crítico general de los talleres de mantenimiento nacionales.
- Análisis Cronológico de la gestión de mantenimiento a nivel mundial.
- Análisis de prácticas exitosas en la gestión de mantenimiento a nivel mundial.
- Análisis Sistémico de las empresas prestadoras de servicios al Sistema Ferroviario Nacional.
- Análisis Sistémico de las empresas prestadoras de servicios de mantenimiento al Sistema Nacional de Salud.
- Análisis Sistémico de las empresas prestadoras de servicios de mantenimiento al Sistema Nacional Vial.
- Análisis Sistémico de las empresas prestadoras de servicios de mantenimiento en el sector naval nacional.
- Análisis Sistémico de las empresas prestadoras de servicios de mantenimiento en el sector de la aviación nacional.
- Análisis Sistémico de las empresas prestadoras de servicios de mantenimiento al Sistema Nacional de Telecomunicaciones.
- Análisis Sistémico de las empresas prestadoras de servicios de mantenimiento en el sector petrolero nacional.

- Análisis Sistémico de las empresas prestadoras de servicios de mantenimiento a la infraestructura histórica nacional.

- Análisis Sistémico de las empresas prestadoras de servicios de mantenimiento al Sistema Eléctrico Nacional.

- Análisis Sistémico de las empresas prestadoras de servicios de mantenimiento al Sistema Militar Nacional.

4.4. Investigaciones Comparativas:

- Comparación Crítica de las metodologías para la transferencia de tecnologías de mantenimiento.

- Comparación de las herramientas gerenciales mundiales que se aplican en la gestión de mantenimiento.

- Comparación de las organizaciones gerenciales típicas de mantenimiento existente a nivel mundial.

- Comparación de los Sistemas de Gestión de Mantenimiento aplicables a embalses nacionales.

- Comparación de los Sistemas de Gestión de Mantenimiento en rampas utilizados en las empresas aeronáuticas a nivel mundial.

- Comparación de normas empleadas a nivel mundial en la contratación de servicios de mantenimiento que pudiesen aplicarse en empresas de telecomunicaciones.

- Comparación de normas, estándares y políticas antirriesgos para generar un modelo de gestión de mantenimiento que apoye la continuidad de los servicios bancarios.

- Comparación Ecléctica de la pensa de capacitación a nivel de formación profesional en el área de mantenimiento.

- Comparación Ecléctica de la pensa de formación universitaria en el área de mantenimiento.

- Comparación Ecléctica de legislaciones de mantenimiento mundiales que pudieran aportar constructos para una Ley Nacional de Mantenimiento.

- Comparación Ecléctica de los principios subyacentes en las metodologías de desarrollo de sistemas de mantenimiento.

- Comparación para actualizar Sistemas de Gestión de Mantenimiento de hospitales privados.

- Comparación de las tecnologías actuales que se aplican en la gestión de mantenimiento.

4.5. Investigaciones Explicativas:

- Explicación de cómo la gestión de mantenimiento puede contribuir al desarrollo endógeno de un área geográfica.
- Explicación Situacional de la problemática de la gestión de mantenimiento del Sistema Nacional de Transporte de Carga Terrestre.
- Explicación Situacional de la problemática de mantenimiento de la infraestructura deportiva nacional.
- Explicación Situacional de la problemática de mantenimiento de la infraestructura histórica nacional.
- Explicación Situacional de la problemática de mantenimiento de la infraestructura de la cadena alimentaria nacional.
- Explicación Situacional de la problemática de mantenimiento de los bienes nacionales muebles.
- Explicación Situacional de la problemática de mantenimiento del parque computacional nacional.
- Explicación Situacional de la problemática de mantenimiento del parque automotor nacional.
- Explicación Situacional de la problemática de mantenimiento del parque industrial nacional.
- Explicación Situacional de la problemática de mantenimiento del Sistema Militar Nacional.
- Explicación Situacional de la problemática de mantenimiento del Sistema Nacional de Educación Pública.
- Explicación Situacional de la problemática de mantenimiento del Sistema Eléctrico Nacional.
- Explicación Situacional de la problemática de mantenimiento del Sistema Nacional de Salud Pública.
- Explicación Situacional de la problemática de mantenimiento del Sistema Nacional de Aseo Urbano.
- Explicación Situacional de la problemática de mantenimiento del Sistema Nacional de Transporte Terrestre.
- Explicación Situacional de la problemática de mantenimiento del Sistema Policial de Seguridad Nacional.
- Explicación Situacional de la problemática de mantenimiento del Sistema Nacional de Turismo.

- Explicación Situacional de la problemática de mantenimiento del Sistema Nacional de Acueductos.

- Explicación Situacional de la problemática de mantenimiento del sector farmacéutico nacional.

- Explicación Situacional de la problemática de mantenimiento en las zonas suburbanas nacionales.

- Explicación Situacional de la problemática de mantenimiento en los edificios públicos nacionales.

4.6. Investigaciones Predictivas:

- Prospectiva de necesidades de tecnologías que pueden aplicarse en la gestión de mantenimiento de nuestro país.

- Prospectiva de las competencias fundamentales del Especialista en Gerencia de Mantenimiento de acuerdo a la competitividad mundial y las necesidades del país.

- Prospectiva de las competencias fundamentales del Magíster en Gerencia de Mantenimiento de acuerdo a la competitividad mundial y las necesidades del país.

- Prospectiva de necesidades de capital humano nacional capacitado para gerenciar sistemas de mantenimiento de nuestro país.

- Prospectiva de necesidades de Sistemas de Información Gerencial para la gestión de mantenimiento de nuestro país.

- Prospectiva del impacto anticipado por el mantenimiento en el Sistema Militar Nacional durante el período XXXX-XXXX.

- Prospectiva del impacto anticipado por el mantenimiento en el parque computacional nacional durante el período XXXX-XXXX.

- Prospectiva del impacto anticipado por el mantenimiento en el parque automotor nacional durante el período XXXX-XXXX.

- Prospectiva del impacto anticipado por el mantenimiento en el parque industrial nacional durante el período XXXX-XXXX.

- Prospectiva del impacto anticipado por el mantenimiento en el Sistema Nacional de Salud Pública durante el período XXXX-XXXX.

- Prospectiva del impacto anticipado por el mantenimiento en el Sistema Nacional de Aseo Urbano durante el período XXXX-XXXX.

- Prospectiva del impacto anticipado por el mantenimiento en el Sistema Nacional de Transporte Terrestre durante el período XXXX-XXXX.

- Prospectiva del impacto anticipado por el mantenimiento en el Sistema Nacional de Transporte Aéreo durante el período XXXX-XXXX.

- Prospectiva del impacto anticipado por el mantenimiento en el Sistema Nacional de Transporte Marítimo durante el período XXXX-XXXX.
- Prospectiva del impacto anticipado por el mantenimiento en el Sistema Nacional de Educación Pública durante el período XXXX-XXXX.
- Prospectiva del impacto anticipado por el mantenimiento en el Sistema Policial de Seguridad Nacional durante el período XXXX-XXXX.
- Prospectiva del impacto anticipado por el mantenimiento en el Sistema Nacional de Turismo durante el período XXXX-XXXX.
- Prospectiva del impacto anticipado por el mantenimiento en el Sistema Eléctrico Nacional durante el período XXXX-XXXX.
- Prospectiva del impacto anticipado por el mantenimiento en el Sistema Nacional de Acueductos durante el período XXXX-XXXX.
- Prospectiva del impacto anticipado por el mantenimiento en la infraestructura deportiva nacional durante el período XXXX-XXXX.
- Prospectiva del impacto anticipado por el mantenimiento en la infraestructura históricas nacional durante el período XXXX-XXXX.
- Prospectiva del impacto anticipado por el mantenimiento en la infraestructura de la cadena alimentaria nacional durante el período XXXX-XXXX.
- Prospectiva del impacto anticipado por el mantenimiento en las zonas suburbanas nacionales durante el período XXXX-XXXX.
- Prospectiva del impacto anticipado por el mantenimiento en los bienes nacionales muebles durante el período XXXX-XXXX.
- Prospectiva del impacto anticipado por el mantenimiento en los edificios públicos nacionales durante el período XXXX-XXXX.
- Tendencia mundial de la evolución de metodologías de mantenimiento y su implementación en países latinoamericanos.
- Tendencia mundial de la evolución de modelos de mantenimiento y su implementación en países latinoamericanos.

4.7. Investigaciones Proyectivas:

- Concepción Estratégica de Mantenimiento de una fuerza militar. Caso: Guardia Nacional.
- Concepción Estratégica de Mantenimiento de una fuerza militar. Caso: Aviación Militar.
- Concepción Estratégica de Mantenimiento de una fuerza militar. Caso: Armada.
- Concepción Estratégica de Mantenimiento de una fuerza militar. Caso: Ejército.

- Estrategias para mejorar la calidad de gestión de mantenimiento en el Sistema de Transmisión y Distribución de Gas.
- Estructura Organizativa de mantenimiento para puertos de nuestro país.
- Formulación de una Teoría General de Mantenimiento.
- Lineamientos Estratégicos de mantenimiento basado en condiciones para mejorar la disponibilidad operacional del aire acondicionado de Sistemas de Transporte Masivo. Caso: Medio de Transporte X.
- Lineamientos Estratégicos para la gestión de mantenimiento de obras civiles. Caso: Instituto Nacional X.
- Lineamientos Estratégicos para la gestión del mantenimiento de las metaestructuras de los núcleos de desarrollo endógeno.
- Lineamientos Estratégicos para mejorar la calidad en la gestión de mantenimiento en empresas ferroviarias tipo Metro. Caso: País X.
- Manual de Mantenimiento para empresas prestadoras de servicio a los sistemas de energía y confort de organizaciones aeronáuticas. Caso: Empresa X.
- Metodología de gestión de proyectos de mantenimiento para institutos aeronáuticos. Caso: Instituto Nacional X.
- Metodología para desarrollar Sistemas de Gestión de Mantenimiento.
- Metodología para el análisis costo-beneficio de los sistemas de rehabilitación y protección del concreto armado.
- Metodología para el diseño y prestación de mantenimiento para empresas de servicio y manufactura.
- Metodología para generar estrategias de mantenimiento.
- Metodología para generar lineamientos estratégicos de mantenimiento.
- Metodología para generar modelos de gestión de mantenimiento.
- Metodología para generar planes de mantenimiento.
- Metodología para la evaluación y predicción de confiabilidad en subestaciones eléctricas. Caso Red X.
- Modelo de Gestión de Mantenimiento bajo enfoque sistémico cibernético.
- Modelo de Gestión de Mantenimiento de muelles en concreto armado.
- Modelo Gerencial de Mantenimiento basado en Outsourcing. Caso: Sistema de Refrigeración de Automercados X.
- Modelo Gerencial para el liderazgo sustentable de aerolíneas fundamentado en la funcionalidad y la mantenibilidad.

- Modelo para determinar la relación óptima entre la funcionalidad y la mantenibilidad de la infraestructura del Sistema Nacional de Salud Pública.
- Modelo para determinar la relación óptima entre la funcionalidad y la mantenibilidad de la infraestructura del Sistema Nacional de Aseo Urbano.
- Modelo para determinar la relación óptima entre la funcionalidad y la mantenibilidad de la infraestructura del Sistema Nacional de Transporte Terrestre.
- Modelo para determinar la relación óptima entre la funcionalidad y la mantenibilidad de la infraestructura del Sistema Nacional de Transporte Aéreo.
- Modelo para determinar la relación óptima entre la funcionalidad y la mantenibilidad de la infraestructura del Sistema Nacional de Transporte Marítimo.
- Modelo para determinar la relación óptima entre la funcionalidad y la mantenibilidad de la infraestructura del Sistema Nacional de Educación Pública.
- Modelo para determinar la relación óptima entre la funcionalidad y la mantenibilidad de la infraestructura del Sistema Policial de Seguridad Nacional.
- Modelo para determinar la relación óptima entre la funcionalidad y la mantenibilidad de la infraestructura de los bienes nacionales muebles.
- Modelo para determinar la relación óptima entre la funcionalidad y la mantenibilidad de la infraestructura deportiva nacional.
- Modelo para determinar la relación óptima entre la funcionalidad y la mantenibilidad del Sistema Nacional de Turismo.
- Modelo para determinar la relación óptima entre la funcionalidad y la mantenibilidad de la infraestructura histórica nacional.
- Modelo para determinar la relación óptima entre la funcionalidad y la mantenibilidad de la infraestructura del Sistema Eléctrico Nacional.
- Modelo para determinar la relación óptima entre la funcionalidad y la mantenibilidad de la infraestructura del Sistema Militar Nacional.
- Modelo para determinar la relación óptima entre la funcionalidad y la mantenibilidad de la infraestructura de la cadena alimentaria nacional.
- Modelo para determinar la relación óptima entre la funcionalidad y la mantenibilidad de la infraestructura del Sistema Nacional de Acueductos.
- Modelo para determinar la relación óptima entre la funcionalidad y la mantenibilidad de la infraestructura de los edificios públicos nacionales.
- Modelo para determinar la relación óptima entre la funcionalidad y la mantenibilidad de la infraestructura del parque computacional nacional.

- Modelo para determinar la relación óptima entre la funcionalidad y la mantenibilidad de la infraestructura del parque automotor nacional.

- Modelo para determinar la relación óptima entre la funcionalidad y la mantenibilidad de la infraestructura del parque industrial nacional.

- Modelo para determinar la relación óptima entre la funcionalidad y la mantenibilidad del Sistema Bancario Nacional.

- Plan de Intervención Correctiva de los escenarios prospectivos amenazantes del mantenimiento del Sistema Nacional de Salud Pública.

- Plan de Intervención Correctiva de los escenarios prospectivos amenazantes del mantenimiento del Sistema Nacional de Aseo Urbano.

- Plan de Intervención Correctiva de los escenarios prospectivos amenazantes del mantenimiento del Sistema Nacional de Transporte Terrestre.

- Plan de Intervención Correctiva de los escenarios prospectivos amenazantes del mantenimiento del Sistema Nacional de Transporte Aéreo.

- Plan de Intervención Correctiva de los escenarios prospectivos amenazantes del mantenimiento del Sistema Nacional de Transporte Marítimo.

- Plan de Intervención Correctiva de los escenarios prospectivos amenazantes del mantenimiento del Sistema Policial de Seguridad Nacional.

- Plan de Intervención Correctiva de los escenarios prospectivos amenazantes del mantenimiento del Sistema Nacional de Turismo.

- Plan de Intervención Correctiva de los escenarios prospectivos amenazantes del mantenimiento del Sistema Militar Nacional.

- Plan de Intervención Correctiva de los escenarios prospectivos amenazantes del mantenimiento de los bienes nacionales muebles.

- Plan de Intervención Correctiva de los escenarios prospectivos amenazantes del mantenimiento de la infraestructura deportiva nacional.

- Plan de Intervención Correctiva de los escenarios prospectivos amenazantes del mantenimiento del Sistema Nacional de Telecomunicaciones.

- Plan de Intervención Correctiva de los escenarios prospectivos amenazantes del mantenimiento de la infraestructura histórica nacional.

- Plan de Intervención Correctiva de los escenarios prospectivos amenazantes del mantenimiento de la infraestructura de la cadena alimentaria nacional.

- Plan de Intervención Correctiva de los escenarios prospectivos amenazantes del mantenimiento de las zonas suburbanas nacionales.

- Plan de Intervención Correctiva de los escenarios prospectivos amenazantes del mantenimiento de los edificios públicos nacionales.

- Plan de Intervención Correctiva de los escenarios prospectivos amenazantes del mantenimiento del parque computacional nacional.

- Plan de Intervención Correctiva de los escenarios prospectivos amenazantes del mantenimiento del parque automotor nacional.

- Plan de Intervención Correctiva de los escenarios prospectivos amenazantes del mantenimiento del parque industrial nacional.

- Plan de Mantenimiento para equipos hidráulicos del sistema del acueducto metropolitano.

- Plan de Mantenimiento para los ambulatorios del Municipio X.

- Políticas y Estrategias para el mejoramiento de la calidad de la gestión del mantenimiento de los Sistemas de Alimentación Eléctrica de empresas de telecomunicaciones. Caso: Empresa X.

- Políticas y Estrategias para mejorar la calidad de gestión de mantenimiento en bancos centrales latinoamericanos. Caso: País X.

- Sistema de Control de Gestión de Mantenimiento para empresas de distribución y comercialización de alimentos. Caso: Empresa X.

- Sistema de Gestión de Seguridad y Preservación de infraestructuras y archivos documentales históricos nacionales. Caso: Biblioteca Nacional del país X.

- Sistema de Gestión Integral de los residuos sólidos en un centro urbanizado.

- Sistema de Gestión para el mantenimiento de instituciones de educación superior.

- Sistema de Información de Mantenimiento centrado en confiabilidad en plantas de distribución de combustible.

- Sistema de Información de Mantenimiento para complejos académicos militares. Caso: País X.

- Sistema de Información de Mantenimiento para la infraestructura de los puertos públicos nacionales.

- Sistema de Mantenimiento basado en mejoramiento continuo.

- Sistema de Mantenimiento del complejo aeroportuario del país X basado en mantenimiento de clase mundial.

- Sistema de Mantenimiento Integral para edificaciones inteligentes.

- Sistema Inteligente de Gestión de Mantenimiento para vías extraurbanas altamente entrópicas.

4.8. Investigaciones Interactivas:

- Aplicación de Metodologías de mantenimiento en países latinoamericanos.
- Aplicación de Modelos de mantenimiento en países latinoamericanos.
- Aplicación de Sistemas de Información Gerencial para la gestión y control de mantenimiento.
- Aplicación de Tecnologías de gestión de mantenimiento en empresas privadas. Caso: País X.
- Aplicación de Tecnologías de gestión de mantenimiento en empresas públicas. Caso: País X.
- Aplicación de un Sistema de Gestión de Mantenimiento rentable a nivel empresarial.
- Aplicación de un Sistema Inteligente de Gestión de Mantenimiento para vías extraurbanas altamente entrópicas.
- Aplicación del Balance Scorecard en la gerencia de mantenimiento en empresas del sector X.
- Aplicación para mejorar la calidad en la gestión de mantenimiento en empresas ferroviarias tipo Metro.
- Cuantificación del aporte del mantenimiento al desarrollo nacional. Caso: País X.
- Implementación de un Sistema de Administración de Mantenimiento en la empresa X.
- Implementación de un Sistema de Mantenimiento de clase mundial basado en la metodología de gerencia de proyectos.
- Implementación en Internet de un Sistema de Monitoreo de Mantenimiento a nivel nacional. Caso: País X.
- Intervención Correctiva de escenarios prospectivos amenazantes del mantenimiento del Sistema Nacional de Salud Pública.
- Intervención Correctiva de escenarios prospectivos amenazantes del mantenimiento del Sistema Nacional de Aseo Urbano.
- Intervención de Escenarios prospectivos amenazantes del mantenimiento del Sistema Nacional de Transporte Terrestre.
- Intervención de Escenarios prospectivos amenazantes del mantenimiento del Sistema Nacional de Transporte Aéreo.
- Intervención de Escenarios prospectivos amenazantes del mantenimiento del Sistema Nacional de Transporte Marítimo.

- Verificación de la aplicación de metodologías de gestión de mantenimiento exitosas en empresas privadas. Caso: País X.

4.10. Investigaciones Evaluativas:

- Valoración de los factores de mantenimiento que inciden en el congestionamiento vial de la autopista X.

- Evaluación del mantenimiento del Sistema de Transporte Terrestre durante el período XXXX-XXXX. Caso: País X.

- Evaluación del mantenimiento del Sistema de Transporte Marítimo durante el período XXXX-XXXX. Caso: País X.

- Evaluación del mantenimiento del Sistema de Transporte Aéreo durante el período XXXX-XXXX. Caso: País X.

- Evaluación del mantenimiento del Sistema de Transporte Ferroviario durante el período XXXX-XXXX. Caso: País X.

Capítulo V
Área de Investigación: Tecnología Educativa

La **Tecnología Educativa:** Es el resultado de las prácticas en las diferentes teorías educativas para la **solución** de un amplio **concepto** de problemas, situacionales o complicaciones en la enseñanza y el aprendizaje. Al resolver los problemas no con medios o instrumentos en usos, sino centrándose en el aprendizaje con una tecnología y no sobre la tecnología, analizando los contextos enfatizando el contenido, la **pedagogía** y la metodología con el tipo de aprendizaje con el alumnado, dejando que el diseño del medio usado se refleje en la filosofía del programa usado a través de las **estrategias** promoviendo el desarrollo del **alumno** como individuo. (http://definicion.de).

La Tecnología Educativa abarca las siguientes áreas:

- **Educación a distancia y nuevas tecnologías:** Aprendizaje flexible sin fronteras y limitaciones tradicionales, nuevo modelo educativo centrado en la persona (compromisos y realidades), nueva sociedad del conocimiento (retos y desafíos), evolución de la tecnología y sus efectos en las organizaciones, aprendizaje híbrido o combinado (Blended Learning, acompañamiento tecnológico en las aulas del siglo XXI), y reconocimiento de los estilos de aprendizaje en cursos ofrecidos en línea.

- **Herramientas tecnológicas de apoyo al aprendizaje:** Producción y recursos audiovisuales aplicados a la educación, interacción y diseño de aprendizajes en contextos virtuales, radio interactiva y tutoría virtual, modelo educativo y recursos tecnológicos, biblioteca digital en apoyo a la educación a distancia, y administración de objetos de aprendizaje en educación a distancia.

- **Herramientas tecnológicas de gestión y apoyo a la instrucción:** Evaluación del aprendizaje y retroalimentación (prácticas y usos de los recursos tecnológicos), prácticas de tutoría en educación a distancia y centros de contacto para alumnos en un ambiente de educación a distancia a través de Internet. (Lozano y Burgos, 2008, pp. 5-7).

5.1. Investigaciones Exploratorias:

- Caracterización del ciudadano como usuario de las Tecnologías de la Información y las Comunicaciones en su desarrollo personal y social.

- Exploración de las nuevas tendencias en entornos virtuales educativos del siglo XXI.

- Identificación de posibilidades de humanización de las tecnologías en la educación virtual.

- Indagación de las facilidades de accesibilidad tecnológica en la educación a distancia para estudiantes con discapacidad visual.

- Indagación de tecnologías de accesibilidad a la educación a distancia para estudiantes con discapacidad visual.

5.2. Investigaciones Descriptivas:

- Caracterización de la epistemología de la Tecnología Educativa.

- Caracterización de Tecnología Educativa aplicable en el subsistema de educación primaria.

- Clasificación de los centros educativos nacionales que han implementado campus virtuales.

- Diagnóstico de las aplicaciones educativas existentes actualmente en Internet.

- Taxonomía de los recursos tecnológicos educativos disponibles a nivel mundial aplicables al Sistema Nacional de Educación.

5.3. Investigaciones Analíticas:

- Análisis Crítico de las nuevas Tecnologías de la Información y las Comunicaciones que se aplican actualmente en el Sistema Educativo Nacional.

- Análisis Crítico de los cursos virtuales que se dictan en las universidades nacionales. Caso: Universidad X.

- Análisis Crítico del marco legal vigente en nuestra nación dirigido a la protección del niño y el adolescente usuarios de Internet.

- Análisis de las competencias del Magíster en Tecnología Educativa como respuesta a los requerimientos del desarrollo de la educación nacional e integración latinoamericana.

- Análisis de las teorías del conocimiento que fundamentan la educación virtual.

- Análisis del perfil de egreso del Especialista en Tecnología Educativa de la Universidad X en consonancia con la competitividad mundial y las necesidades nacionales.

5.4. Investigaciones Comparativas:

- Comparación de los campus virtuales universitarios a nivel estadal.
- Comparación de los campus virtuales universitarios a nivel municipal.
- Comparación de los campus virtuales universitarios a nivel nacional.
- Comparación de sistemas multimedia aplicables en la educación a nivel mundial.
- Comparación del sistema educativo presencial versus el sistema educativo virtual.

5.5. Investigaciones Explicativas:

- Aproximación teórica derivada de la experiencia acumulada de aplicar el eLearning en el Sistema Nacional de Educación. Caso: País X.
- Explicación del nivel de capacitación alcanzado con el eLearning en la educación primaria.
- Explicación del nivel de capacitación alcanzado con el eLearning en la educación secundaria.
- Explicación del nivel de capacitación alcanzado con el eLearning en la educación universitaria.
- Explicación Situacional del desfase nacional en la utilización del eLearning con respecto a países avanzados de vanguardia.

5.6. Investigaciones Predictivas:

- Modelo Pedagógico emergente por la aplicación de las Tecnologías de la Información y las Comunicaciones en el Sistema Educativo Nacional.
- Prospectiva del impacto de transformar toda la educación primaria al eLearning y sus modalidades.
- Prospectiva del impacto de transformar toda la educación secundaria al eLearning y sus modalidades.
- Prospectiva del impacto de transformar toda la educación universitaria al eLearning y sus modalidades.
- Tendencias del uso de software libre en la educación a nivel mundial.

5.7. Investigaciones Proyectivas:

- Concepción Sistémica de la Educación Nacional centrada en eLearning.
- Concepción Sistémica de un centro de entrenamiento técnico especializado en pruebas bancarias.
- Estrategias basadas en juegos interactivos para el desarrollo de habilidades motoras e intelectuales en estudiantes con discapacidad.

- Estrategias de Gestión del conocimiento aplicadas a entidades bancarias. Caso: Banco X.

- Estrategias Gerenciales basadas en las Tecnologías de la Información y las Comunicaciones para optimizar la calidad de los docentes.

- Estrategias para erradicar el analfabetismo digital en zonas urbanas. Caso: X.

- Indicadores de Evaluación de la calidad de la educación en entornos virtuales.

- Lineamientos Curriculares para el uso de las nuevas Tecnologías de la Información y Las Comunicaciones.

- Lineamientos Estratégicos basados en tecnología Web para el control de la actividad docente universitaria.

- Metodología para desarrollar redes virtuales relacionadas con áreas temáticas, procesos de aprendizajes y proyectos de investigación.

- Modelo de Alfabetización Tecnológica dirigido a personas con necesidades educativas especiales.

- Programa de Gestión de Conocimiento en el área de tecnología. Caso: X.

- Sistema de Información Gerencial de egresados universitarios basada en tecnología Web.

5.8. Investigaciones Interactivas:

- Aplicación de la cibernética a la didáctica del aula.

- Aplicación del Modelo de Alfabetización Tecnológica dirigido a personas con necesidades educativas especiales.

- Aplicación del Programa de Gestión de Conocimiento en el área de tecnología. Caso: X.

- Ejecución de las estrategias para erradicar el analfabetismo digital en zonas urbanas. Caso: X.

- Sistematización del marco legal vigente contentivo de normas y preceptos de eLearning incorporados al Sistema Nacional de Educación.

5.9. Investigaciones Confirmatorias:

- Comprobación de la transformación ocurrida en la educación nacional con el uso de las Tecnologías de la Información y las Comunicaciones. Caso: X.

- Confirmación de las bondades previstas en los campus virtuales universitarios de nuestro país.

- Confirmación de las facilidades de la incorporación de personas especiales a través del eLearning. Caso: X.

- Confirmación del abaratamiento de la educación al incorporar a ésta el eLearning.
- Determinación de los Cambios generados en la educación primaria con el uso de la laptop X y su contenido educativo durante el lapso aaaa-aaaa. Caso: Escuela X.

5.10. Investigaciones Evaluativas:

- Evaluación de la adecuación del marco legal vigente como impulsor de la modernización de nuestro Sistema Educativo Nacional.
- Evaluación del impacto del Proyecto Educativo X en el grado X de educación primaria nacional durante el período XXXX-XXXX.
- Evaluación del nivel de capacitación alcanzado por los egresados de universidades con campus virtuales durante el período XXXX-XXXX.
- Evaluación del nivel de competitividad mundial de nuestros profesionales universitarios.
- Valoración de los beneficios obtenidos con la incorporación del eLearning al Sistema Nacional de Educación. Caso: X.

Capítulo VI
Área de Investigación: Tecnología Militar

Las **Fuerzas Armadas** en términos del derecho de la guerra, están integradas por todas las unidades organizadas incluyendo su personal, bienes y equipos y que estén bajo un mando responsable de la conducta de sus subordinados.

Las Fuerzas Armadas abarcan muchas áreas, siendo las principales las siguientes:

- **Componentes:** Ejército, Armada, Aviación, Guardia Nacional, Infantería, Guardacostas y Reserva.

- **Servicios:** Operaciones, armamento, logística, educación, personal, sanidad, etc.

- **Tipos de guerra:** Terrestre, aérea, antiaérea, superficie, submarina, de minas, electrónica, cibernética, asimétrica, de 4ª Generación, civil, irregular, sicológica, total, fría, guerrilla, de baja intensidad, de objetivo limitado, etc.

## 6.1.	Investigaciones Exploratorias:

- Catalogación de métodos y técnicas para neutralizar a combatientes dotados de alta tecnología letal y poca vulnerabilidad.

- Catalogación de prácticas exitosas históricas a nivel táctico militar que pueden ser aplicadas en la actualidad ante situaciones bélicas asimétricas. Campo: Terrestre.

- Catalogación de prácticas exitosas históricas a nivel táctico militar que pueden ser aplicadas en la actualidad ante situaciones bélicas asimétricas. Campo: Naval.

- Catalogación de prácticas exitosas históricas a nivel táctico militar que pueden ser aplicadas en la actualidad ante situaciones bélicas asimétricas. Campo: Aéreo.

- Catalogación de prácticas exitosas históricas a nivel táctico militar que pueden ser aplicadas en la actualidad ante situaciones bélicas asimétricas. Campo: Operaciones Sicológicas.

- Catalogación de prácticas exitosas históricas a nivel táctico militar que pueden ser aplicadas en la actualidad ante situaciones bélicas asimétricas. Campo: Guerra Electrónica.

- Exploración del Adiestramiento como variable de la capacidad de combate.

- Exploración del Apresto Operacional como variable de la capacidad de combate.

- Exploración del Mantenimiento como variable de la capacidad de combate.

- Exploración del Mantenimiento de los motores diésel como variable de la capacidad operativa de los transportes tipo LST.

6.2. Investigaciones Descriptivas:

- Caracterización de la adecuabilidad del Mar Territorial para Operaciones Antisubmarinas. Caso: País X.

- Caracterización de la adecuabilidad del Mar Territorial para Operaciones Submarinas. Caso: País X.

- Diagnóstico del desempeño laboral del personal de oficiales de la Dirección de Inteligencia Militar.

- Diagnóstico del Sistema de Mantenimiento de la División de Transporte de una fuerza militar. Caso: X.

- Taxonomía de los Sistemas de Armas Antisubmarinas existentes en el mercado mundial que pudieran aplicarse en el Mar Territorial. Caso: País X.

6.3. Investigaciones Analíticas:

- Análisis de la potencialidad de las Unidades Especiales para enfrentar amenazas submarinas en el Mar Caribe.

- Análisis del Arte de la Guerra de Sun Tzu: principios aplicables a la Guerra Antisubmarina y su implementación para favorecer a nuestra nación.

- Análisis del Arte de la Guerra de Sun Tzu: principios decisionales que debe dominar un Comandante a nivel táctico.

- Análisis del despliegue de una división blindada aplicando la guerra asimétrica en una invasión al Territorio Nacional.

- Análisis Naval Operacional como método para resolver situaciones tácticas.

6.4. Investigaciones Comparativas:

- Comparación de fortalezas y debilidades de unidades tácticas amigas versus enemigas. Caso: Unidad X.

- Comparación del Grado de Apresto Operacional de las Unidades A, B, C y D. Componente X.

- Comparación Táctico-Operacional de una Fuerza Submarina versus una Fuerza de Superficie que operen en el Mar Caribe.

- Confrontación de las Operaciones Submarinas versus Operaciones Antisubmarinas en el Mar Territorial Venezolano.

- Contrastación del Equipamiento Militar Individual del soldado venezolano versus el soldado X.

6.5. Investigaciones Explicativas:

- Explicación Situacional de un potencial conflicto bélico entre dos países vecinos por disputa territorial.

- Explicación Táctica-Operacional del aprovechamiento del cordón de islas nacionales ubicado frente a sus costas para la detección temprana de submarinos potencialmente enemigos y su eventual destrucción.

- Explicación Táctica-Operacional para generar una ventaja antisubmarina en el Mar Caribe a través de medios aéreos antisubmarinos.

- Inferencia teórica para la Guerra Antisubmarina basada en el Arte de la Guerra de Sun Tzu.

- Relacionar las acciones tácticas empleadas por el General José Antonio Páez en la Guerra de Independencia con las operaciones tácticas que utilizan los Grupos Comando actuales existentes a nivel mundial.

6.6. Investigaciones Predictivas:

- Escenarios Anticipatorios de potenciales conflictos con países fronterizos.
- Futuro de la Guerra Cibernética a nivel mundial.
- Futuro del empleo de las unidades de desembarco anfibio.
- Tendencias mundiales del Equipamiento Militar Individual.
- Tendencias mundiales en el uso de los grupos de Operaciones Especiales.

6.7. Investigaciones Proyectivas:

- Arquetipo de unidad de superficie antisubmarina para la Armada nacional que saque el máximo provecho de las condiciones batitermográficas del Mar Caribe y contrarreste una amenaza submarina convencional.

- Concepción del adiestramiento general de un integrante del Sistema Militar Nacional como una variable de la capacidad de combate.

- Concepción Estratégica del Mantenimiento de una fuerza militar. Caso: Ejército.

- Determinación de los cambios generados en el Sistema Militar por la integración de diferentes sistemas de armas foráneos. Caso: País X.

- Inferencia de los efectos de la politización del Sistema Militar Profesional. Caso: País X.

6.10. Investigaciones Evaluativas:

- Estimación del Impacto de las Nuevas Tecnologías de Información aplicadas a través de Internet en la educación a distancia en el ámbito militar.

- Evaluación de la efectividad de los Sistemas de Guerra Electrónica instalados en las unidades militares actuales. Caso. X.

- Evaluación de las maniobras tácticas de búsqueda y ataque submarino documentadas en los manuales de las Fuerzas Aliadas.

- Evaluación del empleo de grandes unidades de superficie en mares con corto alcance de detección antisubmarina.

- Valoración de los Sistemas de Armas construidos en el país mediante la transferencia de tecnologías externas.

- Comparación del Grado de Apresto Operacional de las Unidades A, B, C y D. Componente X.

- Comparación Táctico-Operacional de una Fuerza Submarina versus una Fuerza de Superficie que operen en el Mar Caribe.

- Confrontación de las Operaciones Submarinas versus Operaciones Antisubmarinas en el Mar Territorial Venezolano.

- Contrastación del Equipamiento Militar Individual del soldado venezolano versus el soldado X.

6.5. Investigaciones Explicativas:

- Explicación Situacional de un potencial conflicto bélico entre dos países vecinos por disputa territorial.

- Explicación Táctica-Operacional del aprovechamiento del cordón de islas nacionales ubicado frente a sus costas para la detección temprana de submarinos potencialmente enemigos y su eventual destrucción.

- Explicación Táctica-Operacional para generar una ventaja antisubmarina en el Mar Caribe a través de medios aéreos antisubmarinos.

- Inferencia teórica para la Guerra Antisubmarina basada en el Arte de la Guerra de Sun Tzu.

- Relacionar las acciones tácticas empleadas por el General José Antonio Páez en la Guerra de Independencia con las operaciones tácticas que utilizan los Grupos Comando actuales existentes a nivel mundial.

6.6. Investigaciones Predictivas:

- Escenarios Anticipatorios de potenciales conflictos con países fronterizos.

- Futuro de la Guerra Cibernética a nivel mundial.

- Futuro del empleo de las unidades de desembarco anfibio.

- Tendencias mundiales del Equipamiento Militar Individual.

- Tendencias mundiales en el uso de los grupos de Operaciones Especiales.

6.7. Investigaciones Proyectivas:

- Arquetipo de unidad de superficie antisubmarina para la Armada nacional que saque el máximo provecho de las condiciones batitermográficas del Mar Caribe y contrarreste una amenaza submarina convencional.

- Concepción del adiestramiento general de un integrante del Sistema Militar Nacional como una variable de la capacidad de combate.

- Concepción Estratégica del Mantenimiento de una fuerza militar. Caso: Ejército.

- Diseño de un Centro de Adiestramiento Táctico Virtual para la Armada Nacional.
- Diseño de un Dispositivo Antisubmarino con unidades antisubmarinas nacionales para incrementar al máximo la probabilidad de detección de submarinos potenciales enemigos, la capacidad de maniobra y el poder de destrucción.
- Diseño de un Manual de Derecho Operacional para el Curso Táctico Naval.
- Diseño de un Sistema Logístico Integrado para las turbinas de los helicópteros Bell 412 EP, adscritos al Comando de la Aviación Naval.
- Estrategias de Gestión del Cambio en la Automatización de los Procesos Logísticos de una fuerza militar.
- Estrategias para optimar la Logística de Mantenimiento de Servicios de Ingeniería Militar.
- Lineamientos Estratégicos para disminuir la vulnerabilidad de las Unidades Flotantes ante una amenaza submarina en el Mar Caribe.
- Lineamientos Estratégicos para la transformación de la gestión de mantenimiento de los camiones tácticos modelo X asignados a la Unidad Militar X.
- Lineamientos para la certificación del escuadrón de mantenimiento de un Grupo Aéreo de Transporte como Taller Aeronáutico.
- Metodología para controlar las radiaciones involuntarias provenientes de Unidades Tácticas Militares.
- Metodología para determinar el empleo táctico de las armas de las fragatas misilísticas clase Mariscal Sucre.
- Metodología para determinar el Poder Combatiente Relativo de una Unidad Táctica.
- Metodología para determinar Especificaciones Técnicas de unidades tácticas para el Sistema Militar Nacional antes de ser desarrolladas o adquiridas.
- Metodología para determinar la obsolescencia tecnológica de las Salas Situacionales del Sistema Militar Nacional.
- Metodología para elaborar ejercicios de simulación táctica en la mar.
- Metodología para generar tácticas navales.
- Metodología para interconectar las Salas Situacionales y Sistemas de Posicionamiento de Unidades Militares amigas o enemigas de los componentes que integran el Sistema Militar Nacional.
- Modelo de Garitas Aéreas para Puestos Navales. Caso: Puesto Naval X.
- Optimización del mantenimiento del edificio comando del Batallón de Ingenieros de Combate "TN Gerónimo Rengifo".

- Plan de Mantenimiento para aviones de ala rotatoria. Caso: Helicóptero X.
- Sistema de Información de Mantenimiento para aviones de ala fija. Caso: Aviones tipo X.
- Sistema de Información de Mantenimiento para la infraestructura de la Academia Militar X.
- Sistema de Información Histórica Militar que presente decisiones exitosas ante situaciones tácticas similares ejecutadas por comandantes ante determinadas situaciones bélicas.
- Sistema de Información para determinar escenarios tácticos.
- Sistema de Información para determinar potenciales cursos de acción de comandantes de unidades tácticas.
- Sistema de Información para incrementar el poder decisional a nivel táctico.
- Sistema de Monitoreo de unidades navales de superficie.
- Sistema de Simulación de problemas y soluciones tácticos navales.

6.8. **Investigaciones Interactivas:**

- Aplicación de la Cibernética para solucionar problemas tácticos.
- Aplicación de las enseñanzas de tácticas militares, navales y aéreas empleadas en campañas de la Historia Militar que pueden ser adaptadas por el Componente Armada ante los nuevos escenarios de Guerra Asimétrica enmarcados dentro del nuevo concepto de la Defensa Integral de la Nación.
- Automatización de los Puestos Fronterizos de Control Migratorio.
- Creación del soporte logístico de plataforma de las misiones nuevas tribus a lo largo de todo el territorio amazonas como apoyo estratégico en caso de un conflicto asimétrico por el sur de nuestra nación.
- Ejercitación de la táctica de operaciones antisubmarinas con 2 fragatas misilísticas y 4 helicópteros embarcados: 3 en versión de búsqueda y uno en versión de ataque.

6.9. **Investigaciones Confirmatorias:**

- Comprobación de los resultados de la incorporación de milicianos al Sistema Militar Profesional. Caso: País X.
- Corroboración en el terreno de las tácticas y operaciones militares propuestas en Estudios de Estado Mayor. Caso: Estudio de Estado Mayor X.
- Corroboración en el terreno de las tácticas y operaciones militares propuestas en Trabajos de Investigación. Caso: Trabajo de Investigación X.

- Determinación de los cambios generados en el Sistema Militar por la integración de diferentes sistemas de armas foráneos. Caso: País X.

- Inferencia de los efectos de la politización del Sistema Militar Profesional. Caso: País X.

6.10. Investigaciones Evaluativas:

- Estimación del Impacto de las Nuevas Tecnologías de Información aplicadas a través de Internet en la educación a distancia en el ámbito militar.

- Evaluación de la efectividad de los Sistemas de Guerra Electrónica instalados en las unidades militares actuales. Caso. X.

- Evaluación de las maniobras tácticas de búsqueda y ataque submarino documentadas en los manuales de las Fuerzas Aliadas.

- Evaluación del empleo de grandes unidades de superficie en mares con corto alcance de detección antisubmarina.

- Valoración de los Sistemas de Armas construidos en el país mediante la transferencia de tecnologías externas.

Capítulo VII
Área de Investigación: Tecnologías de la Información y las Comunicaciones

Las **Tecnologías de la Información y las Comunicaciones (TIC)** se conciben como el universo de dos conjuntos, representados por las tradicionales Tecnologías de la Comunicación (TIC) - constituidas principalmente por la radio, la televisión y la telefonía convencional - y por las Tecnologías de la información (TI) caracterizadas por la digitalización de las tecnologías de registros de contenidos (informática, de las comunicaciones, telemática y de las interfaces).

Las **TIC** son herramientas teórico conceptuales, soportes y canales que procesan, almacenan, sintetizan, recuperan y presentan información de la forma más variada. Los soportes han evolucionado en el transcurso del tiempo (telégrafo óptico, teléfono fijo, celulares, televisión) ahora en ésta era podemos hablar de la computadora y de la Internet. El uso de las TIC representa una variación notable en la sociedad y a la larga un cambio en la educación, en las relaciones interpersonales y en la forma de difundir y generar conocimientos. (Aprende en línea, 2018).

Las (TIC) abarcan entre otras, las siguientes áreas:

- **Sistemas de Información:** Sistemas de Procesamiento de Datos, Sistemas de Información Administrativos, Sistemas de Información Gerenciales, Sistemas de Apoyo a la Toma de Decisiones, Sistemas Expertos, Sistemas de Información Geográfica (SIG), etc.

- **Redes:** Redes de Área Local (LAN), Redes de Área Metropolitana (MAN), Redes de Área Amplia (WAN), Redes de telefonía fija y móvil, Redes Multimedia (Televisión, video, música, videojuegos, videoconferencias), Redes Virtuales, Redes Neuronales, Redes Satelitales, Redes Inalámbricas (WIFI, WIMAX), Redes Sociales (Facebook, WhatsApp, Twitter, MySpace, Orkut, Google+, Tuenti, Instagram, Pinterest), etc.

- **Internet:** Portales y páginas Web, blog, intranet, extranet, correo electrónico, buscadores, podcast, comercio electrónico, banca electrónica, gobierno electrónico, telemedicina, teleeducación (eLearning), etc.

- **Computación Móvil:** Computadores personales, laptops, notebooks, tabletas y celulares inteligentes, etc.

- **Computación en la Nube:** Software como Servicio (SaaS), Plataforma como Servicio (PaaS), Infraestructura como Servicio (IaaS), etc.

- **Software:** Software privado y software abierto.

- **Otras Tecnologías:** Organización virtual, realidad virtual, inteligencia artificial, robótica, minería de datos (Big Data, data mining), chat, wikis, RSS, etc.

7.1. Investigaciones Exploratorias:

- Caracterización de la transformación del ciudadano como usuario consuetudinario de las Tecnologías de la Información y las Comunicaciones.

- Exploración de la vulnerabilidad de los Sistemas de Información desarrollados con software libre.

- Exploración de la vulnerabilidad de los Sistemas de Información desarrollados con software privado.

- Exploración de los procesos de manejo de alertas tempranas en los Sistemas de Información implementados en empresas del Estado. Caso: Empresa X.

- Exploración de Sistemas de Información desarrollados con software libre para la Administración Pública.

- Indagación de las potencialidades de las Tecnologías de la Información y las Comunicaciones para el desarrollo estratégico del Estado.

7.2. Investigaciones Descriptivas:

- Catalogación de las Tecnologías de la Información y las Comunicaciones utilizadas como herramienta para la administración de proyectos gerenciales.

- Taxonomía de amenazas a los procesos tecnológicos empresariales.

- Taxonomía de modelos de aplicación de las Tecnologías de la Información y las Comunicaciones en el desarrollo organizacional.

- Taxonomía de problemas asociados con los riesgos del uso de la tecnología.

- Taxonomía de problemas de inversiones en tecnología para el desarrollo organizacional.

- Taxonomía de problemas operativos del uso de las Tecnologías de la Información y las Comunicaciones en organizaciones del Estado.

- Taxonomía de problemas organizacionales para la inversión en tecnología.

7.3. Investigaciones Analíticas:

- Análisis Crítico de la efectividad organizacional en el control de amenazas a sus Sistemas de Información. Caso: Empresa X.

- Análisis Crítico de los cambios ocurridos por el uso de Tecnologías de la Información y las Comunicaciones en la empresa X.

- Análisis Crítico de los métodos utilizados para el resguardo físico de la información.

- Análisis de los Sistemas de Facturación y Cobro a través de Internet por servicios prestados por la empresa X.

- Análisis de los riesgos en el uso de Tecnologías de la Información y las Comunicaciones en instituciones del Estado.

- Análisis del tiempo de respuesta demandada por la ciudadanía a entes públicos que utilizan Tecnologías de la Información y las Comunicaciones.

7.4. Investigaciones Comparativas:

- Comparación de estrategias de optimización utilizados por los motores de búsqueda más populares de Internet.

- Comparación de los diversos niveles de uso de las Tecnologías de la Información y las Comunicaciones para incrementar la eficiencia organizacional en la empresa X.

- Comparación de los métodos de resguardo físico de información existentes en el mercado mundial.

- Comparación de servicios diferenciados versus servicios integrados en la provisión de calidad de servicio en redes.

- Comparación de técnicas de balance de carga en servidores Web.

- Comparación de vulnerabilidades de Sistemas de Información desarrollados con software libre versus software privado.

7.5. Investigaciones Explicativas:

- Correlación de eventos causados por fallas y alarmas en la gestión de redes en organismos públicos. Caso: Organismo X.

- Correlación entre el desarrollo del país y el uso de las Tecnologías de la Información y las Comunicaciones.

- Explicación de cómo los Sistemas de Información basados en software libre pueden contribuir al desarrollo endógeno de un área geográfica.

- Explicación de la expansión de las Tecnologías de la Información y las Comunicaciones en nuestro país.
- Explicación situacional de la resistencia al cambio tecnológico en empresas del Estado.

7.6. Investigaciones Predictivas:

- Tendencias mundiales de las Tecnologías de la Información y las Comunicaciones para combatir la Cibercriminalidad.
- Tendencias mundiales de metodologías para desarrollar Sistemas de Información.
- Tendencias mundiales de Sistemas de Información desarrollados con software libre para la Administración Pública Nacional.
- Tendencias mundiales de Sistemas de Información desarrollados con software privado para la Administración Pública Nacional.
- Tendencias mundiales del desarrollo de las Tecnologías de la Información y las Comunicaciones en el campo de la Domótica.

7.7. Investigaciones Proyectivas:

- Concepción Sistémica Nacional de infraestructura de datos espaciales.
- Estrategia Gerencial para el diseño de una plataforma tecnológica como soporte a servicios turísticos.
- Estrategias de implementación de calidad de servicio en redes locales virtuales fundamentadas en las normas 802.id y 802.1q
- Estrategias de neuromarketing para ser aplicadas al comercio electrónico.
- Estrategias de seguridad para los activos de información de bancos del Estado. Caso: Banco X.
- Estrategias Gerenciales para el soporte tecnológico del servicio al cliente en empresas consultoras.
- Estrategias para descongestionar el tráfico de redes de datos. Caso: Compañía Telefónica Nacional.
- Estrategias Tecnológicas para facilitar el comercio electrónico entre la banca y el mercado empresarial.
- Extranet basada en inteligencia colectiva para resolver problemas tecnológicos complejos.
- Extranet organizacional orientada a dispositivos móviles.
- Modelo de organización informática viable para el poder judicial.

- Modelo de servicios de estampado de tiempo para infraestructura de certificación electrónica nacional.
- Sistema de Control de Acceso basado en la tecnología de Identificación por Radiofrecuencia (RFID).
- Sistema de Control de Acceso basado en tecnología bluetooth.
- Sistema de Control de bienes muebles basado en tecnología de Identificación por Radiofrecuencia (RFID).
- Sistema de Control de Inventario basado en tecnología de Identificación por Radiofrecuencia (RFID).
- Sistema de Gestión de historias médicas integradas basadas en tecnología Web.
- Sistema de Gestión de redes de sensores inalámbricos para la industria petrolera e industrias afines.
- Sistema de Gestión de redes y servicios para sistemas de banda ancha y redes multiservicios.
- Sistema de Gestión preventiva de fraudes en servicios de telefonía móvil.
- Sistema de Información de monitoreo regional latinoamericano en áreas estratégicas.
- Sistema de Información estratégica presidencial.
- Sistema de Información Gerencial basado en tecnología Web de egresados universitarios. Caso: Universidad X.
- Sistema de Información operativa gubernamental.
- Sistema de Información táctica comunal.
- Sistema de Información táctica municipal.
- Sistema de Monitoreo estadístico del flujo de información en una red satelital.
- Sistema de orientación para ciegos basado en tecnología inalámbrica.

7.8. Investigaciones Interactivas:

- Actualización de la estructura organizacional de informática de la empresa X.
- Automatización de los procesos administrativos y operacionales de la empresa X.
- Desarrollo del Proyecto de Tecnología de Información X sustentado en el teletrabajo.
- Implementación del Sistema de Apoyo a la Toma de Decisiones X en la empresa X.
- Implementación del Sistema de Información Gerencial X en la empresa X.

- Implementación del Sistema de Monitoreo y Control X en la empresa X.

7.9. Investigaciones Confirmatorias:

- Comprobación de los Cambios ocurridos en la Administración Pública Nacional con la adopción de software libre durante el periodo aaaa-aaaa.

- Comprobación del nivel de simplificación de los trámites administrativos prestados por la Administración Pública Nacional mediante la automatización de sus procesos.

- Confirmación de la calidad de vida de los ciudadanos por el uso de las Tecnologías de la Información y las Comunicaciones.

- Confirmación del grado de cumplimiento en el Sistema Nacional de Educación de la incorporación de las Tecnologías de la Información y las Comunicaciones.

- Confirmación del grado de cumplimiento en la Administración Pública Nacional de la incorporación de las Tecnologías de la Información y las Comunicaciones.

7.10. Investigaciones Evaluativas:

- Evaluación de la actualización del marco legal nacional a la par del desarrollo de las Tecnologías de la Información y las Comunicaciones.

- Evaluación de la gestión de los riesgos tecnológicos de la banca electrónica nacional.

- Evaluación de las tecnologías disponibles en el mercado para la optimización del sistema de red distribuido en una empresa B2B.

- Evaluación del desempeño de los servicios de voz sobre IP en redes satelitales. Caso: X.

- Evaluación del impacto logrado con la implementación de las redes X en la empresa X durante el lapso aaaa-aaaa.

8.2. Investigaciones Descriptivas:

- Caracterización de la epistemología de las Telecomunicaciones.
- Descripción de los elementos fundamentales para una Política Pública de Telecomunicaciones.
- Diagnóstico del área de telecomunicaciones del Sistema de Seguridad Policial Nacional.
- Diagnóstico del área de telecomunicaciones del Sistema Militar Nacional.
- Diagnóstico del área de telecomunicaciones del Sistema Nacional de Salud Pública.
- Diagnóstico del capital humano nacional capacitado para gerenciar Sistemas de Telecomunicaciones.
- Diagnóstico del Sistema de Telecomunicaciones de la empresa X.
- Diagnóstico del uso de software libre en Sistemas de Telecomunicaciones Nacionales.

8.3. Investigaciones Analíticas:

- Análisis Sistémico de las empresas prestadoras de servicios de telecomunicaciones a nivel nacional.
- Análisis Crítico de la praxis utilizada en el componente militar X para la transferencia tecnológica de Sistemas de Comunicaciones.
- Análisis Crítico del proceso técnico legal de contratación de la prestación del servicio de telecomunicaciones.
- Análisis Cronológico de la evolución de las telecomunicaciones a escala mundial.
- Análisis Situacional de la plataforma de telecomunicaciones de la empresa X.
- Estudio de Factibilidad Técnico Económico para instalar un Sistema de Comunicaciones en la empresa X.

8.4. Investigaciones Comparativas:

- Comparación de la pensa de las especializaciones de telecomunicaciones a escala nacional.
- Comparación de prácticas exitosas en la gestión de telecomunicaciones a escala mundial.
- Comparación de Sistema de Telecomunicaciones favorables para la telemedicina.
- Comparación de Sistemas de Comunicaciones previo a la selección de uno de ellos para una organización o empresa.
- Comparación de tecnologías de última milla existentes en el mercado mundial.

Capítulo VIII
Área de Investigación: Telecomunicaciones

Las **Telecomunicaciones** son la trasmisión a distancia de datos de información por medios electrónicos y/o tecnológicos. (Significados.com).

Las Telecomunicaciones abarcan las siguientes áreas: Radiodifusión, sonido y televisión; televisión por cable; cinematografía; enlaces de microondas; radiocomunicaciones; comunicaciones por satélite; telégrafo; teléfono fijo y celular; televisión; y otras (Fax, módems, Internet, correo electrónico, buscapersonas, mensajes de voz, etc.). (Universidad Politécnica de Cartagena y Langhoff).

8.1. Investigaciones Exploratorias:

• Catalogación de los Sistemas de Comunicaciones avanzados tipo Walkie Talkie para cuerpos policiales.

• Catalogación de Tecnologías Automatizadas existentes en el mercado mundial que pueden aplicarse en la gestión de telecomunicaciones.

• Identificación de la Compatibilidad Tecnológica de los Sistemas de Comunicaciones del Sistema Militar Nacional.

• Identificación de la Vulnerabilidad de los Sistemas de Comunicaciones Policiales Municipales.

• Identificación de los elementos evidentes del mal funcionamiento de un Sistema de Comunicación.

• Indagación de las Opciones de Interconexión de unidades educativas nacionales.

• Tabulación de los Indicadores de Gestión utilizados a nivel mundial para monitorear un Sistema de Telecomunicaciones.

8.5. Investigaciones Explicativas:

- Explicación de la contribución de la gestión de telecomunicaciones al desarrollo endógeno de un área geográfica nacional.

- Explicación de la expansión vertiginosa de la telefonía móvil en el país X.

- Explicación Situacional de la problemática de comunicaciones del Sistema Nacional de Salud Pública.

- Explicación Situacional de la problemática de comunicaciones del Sistema de Seguridad Policial Nacional.

- Explicación Situacional de la problemática de comunicaciones del Sistema Militar Nacional.

8.6. Investigaciones Predictivas:

- Prospectiva de Escenarios adversos que pueden afectar a un Sistema de Telecomunicaciones.

- Prospectiva de las competencias fundamentales del Especialista en Gerencia de Telecomunicaciones de acuerdo a la competitividad mundial y las necesidades del país.

- Prospectiva de las necesidades de capital humano nacional capacitado para gerenciar Sistemas de Telecomunicaciones durante el periodo aaaa-aaaa.

- Prospectiva de las necesidades de tecnologías que pueden aplicarse en el país en la gestión de telecomunicaciones durante el periodo aaaa-aaaa.

- Tendencia Mundial de la evolución de tecnologías de telecomunicaciones y su implementación en países latinoamericanos.

8.7. Investigaciones Proyectivas:

- Central Telefónica basada en tecnología de software libre.

- Estrategias anticipadas para escenarios amenazantes a las telecomunicaciones del Sistema Nacional de Salud Pública.

- Estrategias anticipadas para escenarios amenazantes a las telecomunicaciones del Sistema de Seguridad Policial Nacional.

- Estrategias anticipadas para escenarios amenazantes a las telecomunicaciones del Sistema Militar Nacional.

- Estrategias para descongestionar el tráfico de redes de datos. Caso: X.

- Estrategias para el proceso de pase a producción de plataformas tecnológicas en empresas telefónicas.

- Estrategias para mejorar los procesos de validación en las aplicaciones Web de autoservicio de las empresas de telecomunicaciones.

- Estrategias Técnico Gerenciales para disminuir el vandalismo contra instalaciones de telecomunicaciones públicas.
- Indicadores de Gestión del Sistema de Telecomunicaciones de la empresa X.
- Indicadores de Gestión para monitorear un Sistema de Telecomunicaciones.
- Invención en el área de telecomunicaciones mediante la aplicación de la Teoría de Resolución de Problemas Inventivos (TRIZ). Caso: X.
- Manual de Normas y Procedimientos de la empresa de telecomunicaciones X.
- Manual de Organización de la empresa de telecomunicaciones X.
- Modelo de servicios de telecomunicaciones para zonas rurales nacionales.
- Opciones de interconexión de unidades educativas nacionales.
- Plan de Contingencia en situaciones adversas de telecomunicaciones.
- Plan de prestación del servicio de telecomunicaciones para la empresa, comunidad o región X.
- Plan Estratégico para la implementación de la plataforma de transmisión satelital.
- Procedimiento para implementar el servicio de telecomunicaciones en el sector X.
- Proceso para seleccionar un Sistema de Telecomunicaciones.
- Proceso Técnico Legal de contratación de prestación del servicio de telecomunicaciones.
- Programa de Capacitación del personal de operadores del Sistema de Telecomunicaciones de la empresa X.
- Reingeniería del Sistema de Telecomunicaciones de la empresa X.
- Telemedición del consumo eléctrico a través de la tecnología Power Line Communications (PLC).

8.8. Investigaciones Interactivas:

- Acciones Operativas contra las amenazas a las telecomunicaciones del Sistema Nacional de Salud Pública.
- Acciones Operativas contra las amenazas a las telecomunicaciones del Sistema de Seguridad Policial Nacional.
- Acciones Operativas contra las amenazas a las telecomunicaciones del Sistema Militar Nacional.
- Implementación de Sistemas de Información Gerencial para la gestión y control de telecomunicaciones.

- Implementación de tecnologías de gestión de telecomunicaciones en empresas privadas.
- Implementación de tecnologías de gestión de telecomunicaciones en empresas públicas.
- Implementación de un metaobservatorio electrónico del Sistema Nacional de Telecomunicaciones.
- Implementación de un metaobservatorio electrónico nacional de los medios comunicacionales.
- Telemedición del consumo eléctrico a través de la tecnología Power Line Communications (PLC).

8.9. Investigaciones Confirmatorias:

- Comprobación de la eficiencia del Sistema Nacional de Telecomunicaciones durante el período XXXX-XXXX.
- Corroboración de los márgenes técnicos de los Sistemas de Comunicaciones operativos dentro del Sistema Militar Nacional en correspondencia con los calculados previamente a su implementación.
- Verificación del nivel de obsolescencia de los Sistemas de Comunicaciones operativos en organismos del Estado en concordancia con la proyección de su vida útil previa a su implementación. Caso: Organismo X.
- Determinación de los cambios generados en la sociedad motivados a la nacionalización del Sistema de Telecomunicaciones Nacional durante el período XXXX-XXXX. Caso: País X.
- Determinación de los cambios generados en la sociedad motivados a la privatización del Sistema Nacional de Telecomunicaciones durante el período XXXX-XXXX. Caso: País X.

8.10. Investigaciones Evaluativas:

- Cuantificación del aporte del área de telecomunicaciones al desarrollo nacional.
- Evaluación de la gestión de telecomunicaciones realizada en el Sistema de Seguridad Policial Nacional durante el período XXXX-XXXX.
- Evaluación de la gestión de telecomunicaciones realizada en el Sistema Militar Nacional durante el período XXXX-XXXX.
- Evaluación de la gestión de telecomunicaciones realizada en el Sistema Nacional de Salud Pública durante el período XXXX-XXXX.
- Evaluación de las tecnologías disponibles en el mercado para la optimización del sistema de red distribuido en una empresa B2B.

- Evaluación de las tecnologías X de telecomunicaciones implementadas en el ente o empresa X.

- Evaluación del impacto de las telecomunicaciones en el medio ambiente nacional.

- Evaluación del impacto del Sistema de Control de Gestión de Telecomunicaciones del ente o empresa X.

- Evaluación del Sistema de Telecomunicaciones del ente o empresa X.

Páginas Web sobre otros Temas de Investigación

Enfermería y Medicina:

https://temas-para-tesis-de-enfermeria.weebly.com/

http://www.neoscientia.com/generador-de-temas-de-investigacion-cientifica/

http://www.sld.cu/sitios/rehabilitacion-bio/temas.php?idv=20639

Salud, medicina, Educación, Ingeniería, Química, Economía, Derecho, Administración e Informática:

http://www.forosecuador.ec/forum/ecuador/educaci%C3%B3n-y-ciencia/163677-137-ejemplos-de-temas-de-investigaci%C3%B3n-cient%C3%ADfica-y-social-para-tesis

Sociología :

https://resumenea.com/temas-sociologia-investigar/

Psicología:

https://temas-para-tesis-de-psicologia.webnode.cl/

Longevidad, envejecimiento y salud:

https://instituciones.sld.cu/cited/areas-de-investigacion/

Ingeniería Industrial y Administración de Empresas:

https://www.plandemejora.com/ejemplos-temas-tesis-ingenieria-industrial-administracion-1-2/

Glosario de Términos

Este Glosario de términos es una herramienta indispensable para definir el Tema de Investigación de manera clara y precisa en menos de 24 horas. Sus términos permiten la comprensión de lo que se quiere investigar, ayudando a concretar el **Tema de Investigación**, de manera tal que el Investigador o Tesista, Asesor Metodológico y Tutor coincidan en que eso es lo que se quiere investigar.

El Glosario está compuesto de palabras, frases y expresiones incorporadas en los Temas de Investigación que aparecen clasificados por áreas y tipos de investigación, de esta manera, cuando se selecciona un tema, el mismo se amplía con la consulta a este glosario para clarificar el significado de lo que se desea investigar.

Así que ante la duda, consulte los términos de su tema:

Acciones Operativas: Son actividades que se planifican y ejecutan para alcanzar los objetivos enmarcados dentro de las estrategias establecidas en una organización o misión.

Actualización: Es el proceso y el resultado de actualizar. Este verbo alude a lograr que algo se vuelva actual; es decir, conseguir que esté al día. La actualización, a partir de este significado, puede emplearse en distintos contextos.

... La noción actualmente está muy asociada al terreno de la informática. La actualización de un software supone el lanzamiento de una nueva versión que incluye más herramientas y soluciona fallos de la versión precedente. Debido al constante avance de la tecnología, la mayoría de los programas informáticos más populares se actualiza con frecuencia.

...La idea de actualización también se usa para nombrar la adaptación de algo a los tiempos que corren. (http://definicion.de).

Adiestramiento: La palabra adiestramiento hace referencia a la acción y efecto de adiestrar. Este verbo, a su vez, se refiere a hacer diestro, enseñar e instruir.

El adiestramiento de personal es un proceso continuo, sistemático y organizado que permite desarrollar en una persona las habilidades, los conocimientos y las destrezas necesarias para desempeñar un trabajo en forma eficiente. Se supone que el adiestramiento completa el proceso de selección, al instruir al nuevo empleado sobre las características propias de su trabajo.

Es importante distinguir entre adiestramiento y **entrenamiento**. Mientras que el primero consiste en el correcto aprendizaje de habilidades, el segundo es la repetición mecánica de una acción.

Además de todo lo expuesto no podemos pasar por alto la existencia de lo que se conoce como adiestramiento militar. En concreto esta es una de las actividades más importantes dentro de un ejército pues consiste en la capacitación y entrenamiento de sus miembros para que estén capacitados para realizar sus misiones de la mejor manera posible. (http://definicion.de).

Análisis: Según Quillet (1971), el término "análisis" implica: (a) distinción y separación de las partes de un todo para llegar a conocer sus principios o elementos, y (b) examen detenido de una obra, discurso o escrito. Como descomposición de un todo en sus elementos el concepto *análisis* implica desintegrar o descomponer la totalidad del evento en sus partes, a fin de estudiar en forma intensiva cada uno de sus elementos, y las relaciones de estos elementos entre sí, y con la totalidad, es decir, se opone a la palabra "síntesis", la cual implica la recomposición de un todo partiendo de esos elementos. (Fernández de Silva, 2007, p. 22).

Análisis Crítico: El análisis crítico es la evaluación interna del desarrollo lógico de las ideas, planteamientos o propuestas de un autor. Puede decirse también que es la interpretación personal respecto a la posición de un autor, a partir de los datos principales, extraídos de un texto escrito por el autor. La técnica implica la realización de: inferencias, razonamientos, comparaciones, argumentaciones, deducciones, críticas, estimaciones y explicaciones, entre otras.

Se inicia a partir de las técnicas del subrayado y del resumen analítico, en donde se habrán dejado al descubierto las ideas principales, los argumentos que las soportan, la coherencia entre ellas, los errores y contradicciones. Todo esto servirá de fundamentación para la realización del análisis crítico. Al ejecutar la técnica, se debe tener presente utilizar un vocabulario propio para el análisis crítico.

Por ejemplo, si el texto analizado no presenta una unidad coherente y lógica, la crítica debe hacerse con fundamentación y con las propias palabras. La presentación debe ser precisa, sin vaguedades, siguiendo el esquema estructural lógico de un texto (introducción, desarrollo y conclusión).

Además de los especificados en las técnicas del subrayado y del resumen analítico, en el análisis crítico, se debe:

1. **Elaborar un esquema que contenga:**

- **Introducción:** donde se expone la idea central de la crítica.

- **Desarrollo:** debe contener las ideas principales de la crítica que se realiza al autor. Además, las ideas secundarias con ejemplificaciones, descripciones, inferencias, entre otras. El número de párrafos dependerá del contenido general del texto criticado.

- **Conclusiones:** a las cuales se llega respecto a la obra evaluada, luego de ejecutar el análisis.

2. Al realizar los diferentes planteamientos, se debe **emplear un lenguaje sencillo**, directo y propio.

3. **Se recomienda utilizar un diccionario general**, de sinónimos y antónimos y si es el caso, un diccionario especializado.

4. De igual forma, **se recomienda la lectura** de otras obras o textos de autores que traten sobre el mismo aspecto. Esta actividad permitirá tener una visión más amplia respecto al tema objeto de crítica.

5. Es importante recordar, que **no se puede criticar una idea**, posición o formulación de conceptos si no se tienen claros los elementos intrínsecos, del tema a evaluar. (https://www.conocimientosweb.net/portal/article1115.html).

Análisis Cronológico: La base del análisis cronológico es la cronología del griego cronos (tiempo) y logia (estudio) es la ciencia cuya finalidad es determinar el orden de los acontecimientos de acuerdo a un modelo temporal e histórico.

El análisis cronológico se basa en la distinción, separación y énfasis en las partes o elementos de un todo configurado para conocer y profundizar en el inicio y el desarrollo. En complemento, el análisis cronológico correlaciona hechos afines. El análisis cronológico es un sistema ordenado que describe conforme a una estrategia discursiva los hechos, lugares, procesos, personas, etc.

El método más recurrente en este tipo de análisis es la línea del tiempo, la cual, es una serie de divisiones temporales que permiten comprender a través de la visualización el conocimiento histórico y los acontecimientos. La línea del tiempo es una representación didáctica que muestra según la duración del hecho los diversos elementos. Para un mejor entendimiento se fijan fechas ordenadas cronológicamente.

- Objetivo principal: explicar el porqué de un suceso.
- Ordenamiento en el tiempo de las actividades de un hecho que ayuda a su comprensión.
- Dentro de dicho orden se pueden llevar a cabo comparaciones con sucesos similares.

La estructura del análisis cronológico se fundamenta en una síntesis histórico-social, delimitado por el fenómeno social a estudiar y el contexto. Referente a la metodología es pertinente un método analítico que sistematice la información y estructure las etapas del hecho social. Se recomienda interrelacionar el hecho conforme a una temática controlada.

El procedimiento del análisis cronológico requiere de:

1. Temática.
2. Modelo de periodización.
3. Delimitación temporal del estudio.
4. Construcción de matriz (actores- acciones).
5. Selección de las fuentes.

6. Vaciado de la información en histogramas y líneas del tiempo.

7. Análisis e interpretación.

El análisis cronológico, según las circunstancias, puede ser un estudio descriptivo en forma retrospectiva o en forma prospectiva. Este tipo de análisis puede partir desde un corte para establecer una relación o asociación o constituirse con la finalidad de combinar una situación anterior o ser punto de partida para un nuevo estudio. Una metodología prospectiva ayudaría para la averiguación de nuevos datos conforme a un evento.

El análisis cronológico puede ser de tres tipos:

- Descriptivo: Se presenta únicamente una población, la cual se describe en función de un número de variables y no hay hipótesis centrales.

- Observacional: No modifica por voluntad ningún factor inmerso en el proceso de análisis.

- Comparativo: Se presentan dos poblaciones o más. Se hace la comparación de diversas variables con el fin de comparar hipótesis centrales.

  o De causa a efecto: Se investigan dos o más grupos de estudio diferenciados de diversas modalidades. Se analiza la causa, se estudia el desarrollo para poder hacer una evaluación de los posibles efectos.

  o De efecto a causa: Tiene inicio en dos o más grupos de estudio con un fenómeno considerado el efecto de diversas modalidades. Se debe acudir a datos previos ubicados en el pasado, para encontrar la causa principal. (http://es.scribd.com).

Análisis Naval Operacional: Es el análisis basado en la teoría de búsqueda y detección naval que se desarrolló después la Segunda Guerra Mundial, abarca la toma de decisiones analíticas, las técnicas de simulación y los modelos utilizados para determinar la probabilidad de detección. Incluye las recientes mejoras en la tecnología de sigilo. (www.usni.org).

Análisis Sistémico: Es un instrumento aplicable a cualquier objeto de estudio, que lo circunscribe dentro de límites o fronteras, identifica sus componentes e individualiza todo aquello que aún si no se encuentra contenido en el sistema tiene relación con él y condiciona su funcionamiento. Combina aspectos estructurales, funcionales y dinámicos.

El Análisis Sistémico está encuadrado dentro de las escuelas administrativas, en el siguiente orden de lo general a lo específico: Cuantitativo → Teoría General de los sistemas → Análisis Sistémico.

Las características más relevantes del Análisis Sistémico son: visión sistémica, dinámico, multidimensional/multinivel, multimotivacional, probabilístico, multidisciplinario, descriptivo, multicausal y adaptativo.

Los pasos para realizar un Análisis Sistémico son: (1) Delimitar el Sistema, (2) Recopilar Información, (3) Modelar el Sistema y (4) Modelar el Sistema.

Análisis Situacional: Es sinónimo de Explicación Situacional. Es un proceso de creación y omisión de posibilidades para la acción, en el cual, las posibilidades imaginables de enfrentamiento de un problema están precontenidas en la definición del espacio del problema y de su vector de definición, y ambas variables están inevitablemente referidas a un actor y una situación.

El Análisis Situacional está encuadrado dentro de las escuelas administrativas, en el siguiente orden de lo general a lo específico: Proceso Administrativo → Teoría de la Planificación → Planificación Estratégica → Planificación Estratégica Situacional → Análisis Situacional.

Las características más relevantes del Análisis Situacional son: autorreferencial, dinámico, policéntrico, totalizante, riguroso, activo y adaptable.

Los pasos para realizar un Análisis Situacional son: (1) Desarrollar el Flujograma Situacional, (2) Identificas los Nudos Críticos, (3) Elaborar el Árbol del Problema en la Situación Inicial y (4) Establecer el Vector de Descripción de los Nudos Críticos.

Aplicación: Uso de una computadora para un propósito específico, como escribir una novela, imprimir los cheques de pago o diseñar el texto y los gráficos de un boletín. El término aplicación también se usa a menudo en vez de *software* o *programa de aplicación*. (Pfaffenberger, 1995, p. 25).

Apresto Operacional: ... Es el estado de disponibilidad que tienen los órganos de la estructura armada para cumplir las misiones operacionales asignadas en los planes establecidos. (www.academia.edu/).

Arquetipo: Significa modelo original. En la teoría platónica, las ideas son los modelos perfectos de las cosas, los arquetipos de las cosas. Las cosas son copias imperfectas de esos modelos. (González, 2004, p. 65).

Ausencia: ... el origen etimológico del término ausencia,... procede de la palabra latina "absentia", que deriva a su vez de "absens", que puede traducirse como "que está fuera del lugar".

Ausencia es la **acción y efecto de ausentarse o de estar ausente**. El verbo **ausentar**, por su parte, refiere a hacer que alguien se aleje de un lugar, a hacer desaparecer algo o a separarse de un sitio.

...La **falta o privación de algo** también puede nombrarse como ausencia: *"La ausencia de precipitaciones es un gran problema para toda la región agrícola del país"*, *"No entiendo cómo puedes vivir con la ausencia de energía eléctrica en la casa"*, *"El país está sufriendo la ausencia de inversiones extranjeras"*. (http://definicion.de).

... Es un concepto que se asocia directamente con la carencia de algo o alguien, por ejemplo, la ausencia de alimento, en el caso de una persona pobre que por su condición y falta de recursos no puede acceder a la compra de alimentos para superar la misma. (www.definicionabc.com).

Automatización: Es una síntesis de ultramecanización, superracionalización (mejor combinación de los medios), procesamiento continuo y control automático (por la retroalimentación de la máquina con su propio producto). (Chiavenato, 2004, pp. 731-732).

Campos: Se refieren a los apartados más generales de la Nomenclatura de Ciencia y Tecnología de la UNESCO. Están codificados en dos dígitos y comprende varias disciplinas. (http://skos.um.es/unesco6/).

Capacidad de Combate: La capacidad de combate se compone de dos componentes claves, uno la moral del combatiente y el otro su "potencia de combate". El primero plasmado en la exaltación de los sentimientos y valores por los que se lucha; la confianza en el mando supremo y en los mandos inmediatos; la instrucción recibida, es decir el conocimiento de lo que se tiene que hacer en cada momento, aunque no se reciban órdenes directas para hacerlo, por no tener comunicación con el mando; y la experiencia adquirida después de mil situaciones complicadas y conflictivas. Por su parte la potencia de combate se refleja en las armas de que se dispone; de los medios de mando; de la capacidad de trasladarse y moverse por cualquier terreno; y la protección necesaria que proporciona seguridad a las tropas. (www.belt.es/).

Caracterización: ...Determinación de aquellos atributos peculiares que presenta una persona o una cosa y que por tanto la distingue claramente del resto de su clase. Las características de una persona, un animal, o de un objeto responden a señas particulares que hará que sean diferentes a los demás de su clase. Hay algunos esenciales que los enmarcan dentro de una especie dada, y otros tantos son singulares de cada persona. Las características de un objeto, animal o persona, hace alusión a las notas o particularidades que los distinguen de otros objetos o personas y los hace ser quienes son. (www.definicionabc.com).

Catalogación: Consiste en relacionar ordenadamente los elementos pertenecientes a un mismo conjunto, para facilitar su localización; por ejemplo, en un archivo o una biblioteca. Es comparable a un diccionario, un callejero, un nomenclátor, una guía telefónica, o un censo de población; de hecho, a cualquier base de datos. (https://educalingo.com/es/).

Ciencia Abierta (Open Science, Ciencia 2.0, Investigación Abierta, Investigación Compartida): Es un movimiento que representa una filosofía, política y práctica, como respuesta a las exigencias actuales y futuras, donde la ciencia que se produce desde diferentes disciplinas y multidisciplinas, en distintas organizaciones (especialmente públicas) y apoyada en múltiples tecnologías y fuentes de información y comunicación, debe ser compartida, colaborativa y transparente (bajo términos que permitan el acceso, la reutilización, redistribución o reproducción de la investigación en cuanto a sus publicaciones, datos, métodos y software-aplicaciones subyacentes), para así impulsar mayores descubrimientos y avances científicos (innovación e impacto científico) y lograr beneficiar e interactuar en forma positiva con todos los sectores de la sociedad (innovación e impacto social), bien sea con un alcance local, regional, nacional o internacional, y por ende, evaluada desde una perspectiva contextual (pertinencia) e integral (cualitativa y cuantitativa).. (http://bid.ub.edu/es).

Comparación: Es la actividad de la razón que pone en correspondencia unas realidades con otras para ver sus semejanzas y diferencias. La comprensión es posible cuando existe una relación entre las diversas realidades. Tal relación puede ser de analogía cuando hay conexiones y coincidencias, o bien puede ser de diferencia cuando hay discordancia y diversidad. Para hacer comparación entre eventos (objetos, situaciones, fenómenos, hechos, personas, animales, cosas, instituciones,...) es imprescindible la presencia de dos factores: dos o más eventos a comparar y el principio, característica, variable, criterio o evento de comparación. Por otra parte, al ampliar la visión de la comparación, se pueden encontrar las relaciones de **identidad** y de **contradicción**, es decir que, la comparación es un continuo entre lo idéntico en el extremo de lo semejante, y lo contrario en el extremo de lo diferente. (Fernández de Silva, 2007, pp. 61, 62).

Comparación Crítica: Es la comparación que se hace de dos o más entidades con el propósito de resaltar los aspectos positivos y negativos, favorables y desfavorables, ventajosos y desventajosos de cada uno de ellas, en base al objetivo del estudio.

Comparación Ecléctica: Es la comparación que se hace de dos o más entidades con el propósito de resaltar lo mejor de cada uno de ellas, tales como: aspectos positivos, favorables, ventajosos o beneficiosos, que pudieran incorporarse en una nueva entidad para mejorarla.

Comprobación: Es la confirmación de un hecho, de un dicho o de una circunstancia, generalmente a terceros, con la intención de ratificar, confirmar alguna cuestión que fuera puesta en duda. Con la corroboración lo que se intenta hacer es despejar todo tipo de dudas; con nuevos datos o con argumentos, se apoyará una opinión o una teoría que había sido cuestionada. (www.definicionabc.com).

Concepción: Del latín *conceptio*, el término concepción hace referencia a la acción y efecto de concebir. (http://definicion.de). ...Conjunto de ideas que alguien se forma sobre una determinada persona, cosa o situación.... (www.definicionabc.com).

...En vecindad inmediata al "concepto" aparecen otros términos, más o menos sinónimos, que no siempre resultan fácilmente distinguibles de él: noción, idea, pensamiento, **concepción**, representación,..., etc. Además, el concepto, conjuga la propiedad de ser comunicable y compartido por una pluralidad de sujetos, y al mismo tiempo de ser entendido de un modo peculiar por cada uno de ellos. (Muñoz y Velarde, 2000, pp. 129-130).

La palabra "concepción" pudiera ser sustituida por el término "concepto".

Concepción Estratégica: Es la más alta abstracción que formula el líder y CEO (Chief Executive Officer = Director General) a la organización y en algunos casos a los grupos de interés y es el documento que debe ser conocido por toda la organización, esta característica permitirá al líder el poder hacer llegar el pensamiento estratégico de forma directa, y establece para ello una maniobra estratégica.

En la maniobra estratégica el líder deberá ser lo suficientemente intuitivo así como analista para poder determinar el uso de la fuerza, la dirección y el movimiento hacia los objetivos estratégicos.

La maniobra estratégica tiene varios componentes, el primero es el despliegue estratégico que normalmente se realiza en el ambiente militar antes de que se inicien las operaciones con la finalidad de aprovechar los principios estratégicos de la sorpresa, la seguridad y la economía de fuerzas, en el ámbito empresarial es conveniente que estos movimientos deben de ser negados a los competidores haciendo creer a ellos de otras intenciones, tal como se muestra en el siguiente gráfico:

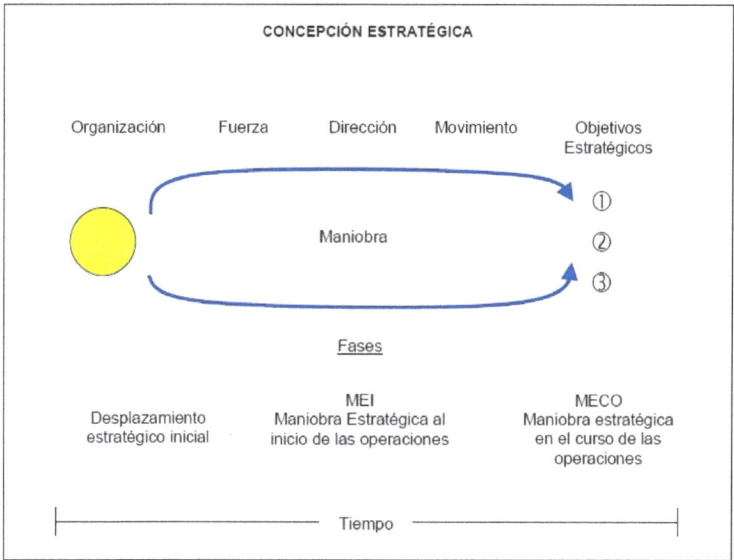

Cuando se concreta un acto estratégico, queda lanzada una fuerza con una dirección y una intensidad precalculadas. Esa fuerza es dirigida a un objetivo; el procedimiento, el modo, la forma o el movimiento elegido para que ella avance desde el presente hacia la meta fijada se llama maniobra. (Plaza, 2013, pp. 8-15).

Concepción Estratégica Nacional: Es sinónimo de Concepto Estratégico Nacional, el cual es un documento que concreta y sintetiza, la Formulación de la Política de Seguridad Nacional y que constituye el marco orientador del despliegue de dicha política. (Cárdenas, 1974, pp. 2-3).

Concepción Sistémica: Es la cosmovisión de un área determinada a través de un modelo sistémico. Ejemplo: Concepción Sistémica de la educación a través del Modelo de Sistema Viviente del Dr. Milán Juranovic.

Concepción Sistémica Nacional: Es la cosmovisión a nivel nacional de cualquier área de un país, determinada a través de un modelo sistémico. Ejemplo: Concepción Sistémica Nacional del Desarrollo de Venezuela a través del Modelo de Sistema Viable del Dr. Stafford Beer.

Conclusión: ... La conclusión debe proporcionar un resumen, sintético pero completo, de la argumentación, las pruebas y los resultados consignados como logros del proceso investigativo. La conclusión debe poseer las características de la síntesis; debe relacionar las diversas partes de la argumentación y unir las ideas desarrolladas. (Fernández de Silva, 2007, p. 69).

Confirmación: Es un término vinculado al verbo confirmar (corroborar, certificar, autentificar o validar algo). La confirmación, por lo tanto, es una ratificación de la validez de alguna cosa. (http://definicion.de).

Contradicción: ... Presupone un *decir*: solo se da, rigurosamente, la contradicción en el discurso, nunca en lo real (si lo real fuera contradictorio, ya no sería pensable).Tal es, en cualquier caso, el sentido lógico del término: una contradicción es la presencia en un mismo enunciado, de dos elementos incompatibles; "círculo cuadrado" es una contradicción.

En el sentido ontológico, sería la presencia, en un mismo ser, de dos propiedades incompatibles (en cuyo caso el ser en cuestión no podría subsistir) u opuestas. En este último sentido, que es un sentido vago, es preferible hablar de ambivalencia, de discordancia o de conflicto....

...Por lo cual la contradicción sigue siendo criterio de falsedad: es lo que excluye que pueda darse en la realidad, y lo que la vuelve, en el pensamiento, indispensable para toda búsqueda de la verdad. (Comte-Sponville, 2005, p. 120).

Correlación: En investigación, es la medida cuantitativa del grado de asociación entre dos variables, o sea el grado o la manera como una ecuación describe o expresa la relación entre ellas. También se utiliza para destacar el grado en que el cambio de una variable es acompañada por un cambio correspondiente en otra variable. De acuerdo con el sentido de la variación la correlación puede ser negativa o positiva. Es *positiva* cuando al aumentar un fenómeno el otro también aumenta; es *negativa* cuando al aumentar uno el otro disminuye. (Cerda, 2005, p. 353).

Corroboración: La palabra 'corroborar' hace referencia al acto de comprobar una situación, hecho, evento o fenómeno a través del uso de distintos tipos de evidencia. El acto de corroborar algo significa aportar esa evidencia, que debe ser idónea, para comprobar que determinado evento o hecho sucedió de una manera específica.

... Lo que hace la corroboración es venir a eliminar las dudas o inquietudes que puedan surgir alrededor de algo; ahora bien, lo ideal es que esa corroboración esté acompañada de ciertos aportes y elementos que le añadirán más veracidad a lo dicho.

La corroboración es una fase del método científico que se propone la formulación de especulaciones sobre los hechos de la realidad, para luego, someter a las mismas al rigor de la evidencia que terminará por corroborar o refutar lo que se ha propuesto. (www.definicionabc.com).

Cosmovisión: Es una imagen o figura general de la existencia, realidad o "mundo" que una persona, sociedad o cultura se forman en una época determinada; y suele estar compuesta por determinadas percepciones, conceptuaciones y valoraciones sobre dicho entorno. A partir de las cosmovisiones, los agentes cognitivos interpretan su propia naturaleza y la de todo lo existente, y definen las nociones comunes que aplican a los diversos campos de la vida, desde la política, la economía o la ciencia hasta la religión, la moral o la filosofía. (https://educalingo.com).

Creación: Es cualquier producción que parece absolutamente nueva y singular, o en la cual la novedad y la singularidad prevalecen sobre el simple progreso técnico o la transformación de elementos preexistentes: se habla, en este sentido, de creación artística, porque ni los materiales utilizados (el mármol, los colores, las notas, la lengua,...) ni las reglas o procedimientos habituales bastan para explicarla. Es una obra sin precedente, sin modelo o sin igual. (Comte-Sponville, 2005, p. 127).

Cuantificación: Es una de las modalidades de la medición que consiste en asignar sistemáticamente valores numéricos a los datos obtenidos en la investigación. (Fernández de Silva, 2007, p. 89).

Desarrollo: Conjunto de acciones que conjugan la capacidad de crecimiento económico, la capacidad de transformación de la base económica y la capacidad de absorción social de los beneficios del crecimiento económico. Mas, 2005, p. 292).

Descripción: Es la acción de describir o representar lingüísticamente la imagen de un objeto, sea este una persona, un animal, una cosa, o u ambiente, de manera tal como si el lector(o receptor del mensaje) lo tuviera delante y lo estuviera percibiendo con sus propios sentidos. (Fernández de Silva, 2007, p. 99).

Despliegue: Es la acción y efecto de desplegar. Este verbo refiere a desdoblar o extender lo que está plegado; a ejercitar o poner en práctica una actividad; a manifestar una cualidad; o a concretar una exhibición o demostración.

En un contexto militar, el despliegue consiste en el avance de las distintas columnas de un ejército para ocupar puestos vinculados a una orden de combate. El despliegue puede implicar el desplazamiento de soldados, armamentos y vehículos para que las fuerzas estén preparadas para atacar al enemigo. (http://definicion.de).

Desviación: El concepto de desviación expresa en sus distintos usos una idea en común: el cambio en algún sentido; en cuanto a la dirección, la forma o el contenido de aquello que abandona una situación por otra....

La estadística es una disciplina instrumental que permite conocer datos numéricos sobre cualquier realidad. Uno de los cálculos propios de esta disciplina es la desviación típica o estándar, que es una medida para calcular variables e intervalos y permite calcular el promedio aritmético de ciertos datos variables....

En medicina es posible establecer una frontera entre la salud y la enfermedad. Así, todo aquello que se aleja de los parámetros medios es, de alguna manera, una desviación, lo cual produce dolor o algún tipo de disfunción orgánica. (www.definicionabc.com).

Determinación de los Cambios: Es la acción y efecto de fijar los términos y características de las transformaciones ocurridas dentro de una organización o sistema durante un lapso preestablecido a fin de determinar sus efectos o consecuencias.

Determinación del Impacto: Es la caracterización y/o cuantificación de los efectos o consecuencias generados por las transformaciones ocurridas dentro de una organización o sistema durante un lapso preestablecido.

Diagnóstico: El diagnóstico es una descripción de los aspectos que coinciden o no, con respecto a un cuerpo de normas o patrón de referencia, si coinciden son considerados normales, sino, son anormales (subnormales o supranormales), es decir, existen desviaciones por debajo o por encima del ideal. A continuación se presentan dos (02) conceptos que se complementan entre sí, ambas dentro de la concepción holística:

Es una descripción del estado de las cosas en un momento dado y en un lugar determinado. En investigación el diagnóstico del evento de estudio se logra en las primeras fases metodológicas de la investigación, especialmente en la exploración y la descripción. (Fernández de Silva, 2007, p. 102).

...Es una descripción completa, por una parte, del evento a explicar, sus características y la forma como aparece, y por otra parte, de las condiciones en las cuales se manifiesta ese evento, las condiciones en las cuales no se manifiesta y los eventos que le acompañan durante su aparición. Es importante además, incluir descripciones secuenciales: qué ocurre antes, durante y después de la aparición del evento a explicar. (Hurtado de Herrera, 2000, p. 292).

Disciplinas: Suponen una descripción general de grupos de especialidades dentro de la Nomenclatura de Ciencia y Tecnología de la UNESCO. Son apartados codificados con cuatro dígitos. A pesar de ser distintas entre sí las disciplinas con referencias cruzadas, o dentro de un mismo campo, se considera que tienen características comunes. (http://skos.um.es/unesco6/).

Diseño: Consiste en la elaboración de una propuesta o de un modelo, como solución a un problema o necesidad de tipo práctico, ya sea de un grupo social, o de una institución, en un área particular del conocimiento, a partir de un diagnóstico preciso de las necesidades del momento, los procesos explicativos o generadores involucrados y las tendencias futuras.

...La propuesta debe estar fundamentada en un proceso sistemático de búsqueda e indagación que recorre los estadios descriptivo, analítico, comparativo, explicativo y predictivo de la espiral holística. (Hurtado de Barrera, 2000, pp. 325 y 328).

Ejercitación: Acción de ejercitarse o de emplearse en hacer algo. (https://educalingo.com).

El Arte de la Guerra de Sun Tzu: Es un libro de dos mil años de antigüedad... obra del general Sun Tzu, no es únicamente un libro de práctica militar, sino un tratado que enseña la estrategia suprema de aplicar con sabiduría el conocimiento de la naturaleza humana en los momentos de confrontación. No es, por tanto, un libro sobre la guerra; es una obra para comprender las raíces de un conflicto y buscar una solución. (Cleary, 1993).

eLearning: La plataforma de e-learning, campus virtual o Learning Management System (LMS) es un espacio virtual de aprendizaje orientado a facilitar la experiencia de capacitación a distancia, tanto para empresas como para instituciones educativas. (www.e-abclearning.com).

Epistemología: Del griego *episteme,* ciencia, conocimiento, y *logos*, tratado, estudio, teoría, teoría del conocimiento. Disciplina filosófica que tiene por objeto la crítica de las ciencias y el estudio de los principios en que han de basarse.... Trata sobre el modo o proceso de producción del conocimiento.... (Fernández de Silva, 2007, p. 129).

Escenarios: Los escenarios son suposiciones acerca de los futuros cambios que pudiesen ocurrir en la realidad particular que afecta al decisor; representan un instrumento de previsión, proporcionando a quien decide una posición más ventajosa para abordar el problema de la ocurrencia de eventos imaginables pero no predecibles con rigurosidad.

No constituyen perse ni pronósticos ni predicciones, aun cuando algunos de sus elementos puedan obtenerse a partir de estimaciones probabilísticas o, en general, de los métodos clásicos de predicción.

Los escenarios, al constituir futuros posibles, se conforman a partir de combinaciones coherentes y plausibles entre eventos incontrolables futuros (predecibles y no predecibles) y opciones de acción que el decisor considera viables y deseables. (Carucci, 1993, pp. 42-43).

Escenarios Anticipatorios: Son aquellos donde dado los efectos se deberían conocer cuáles serían las causas. El enlace ocurre en los efectos. (Caraballo, 1994, p. 123)

Estrategia: Del griego *estrategos* que significa general o conductor de una guerra....es la visión concreta de los objetivos y el desarrollo de las operaciones y dispositivos necesarios para el logro de tales objetivos. La estrategia es una visión de conjunto por lo cual demanda capacidad de síntesis. (Fernández de Silva, 2007, p. 138). El arte de preparar o aplicar el Poder para lograr o conservar los Objetivos fijados por la Política. (Cárdenas, 1974, pp. 4).

Estrategia Administrativa: Es un punto importante de la planeación en la que se le da sentido a la visión de la empresa, puesto que se desea llegar ahí.

Además, se debe considerar que ésta es realizada por los directivos de la organización y luego es enviada por los canales de comunicación organizacional para que sean conocidas por todos los trabajadores en la jerarquía.

...Es un plan de acción que es creado por los directivos de la organización para la realización y puesta en marcha de un proyecto. Se debe tener en cuenta que esta estrategia depende mucho de las habilidades de los trabajadores, y a la vez de la debida y eficiente implementación que los jefes pueden darle. Además, se debe tomar en cuenta que la estrategia debe ser flexible al cambio del mercado actual para poder competir con otras empresas del mismo rubro. (www.academia.edu).

Estrategias Gerenciales: Son una búsqueda deliberada por un plan de acción que desarrolle la ventaja competitiva de la institución, y la multiplique. Formular la estrategia gerencial de una institución, y luego implementarla, es un proceso dinámico, complejo, continuo e integrado, que requiere de mucha evaluación y ajustes. (http://johannicolina.blogspot.com/)

Estrategia Tecnológica: Política que la empresa sigue para el desarrollo y el uso de la tecnología. Debido al poder del cambio tecnológico para influir en la estructura del sector industrial y la ventaja competitiva, la estrategia tecnológica es una componente fundamental de la estrategia competitiva de la empresa. El concepto de estrategia tecnológica es más amplio que el de investigación y desarrollo (I +d) tradicional. Comprende no sólo la investigación y desarrollo de nuevos productos y procesos, sino que su acción debe extenderse a todas las funciones o subsistemas de la empresa. (www.economia48.com/).

Estructura Organizativa (Estructura Organizacional): Es la manera elegida por una entidad para **gestionar su actividad y sus recursos**. Esta estructura está dada por una serie de **relaciones formales e informales** que la corporación desarrolla para alcanzar sus **objetivos** y cumplir sus metas.

La estructura organizacional de una **empresa** implica disponer los **roles** de los empleados y ejecutivos de un cierto modo para alcanzar el mejor rendimiento posible. Con una buena estructura, las interrelaciones fluyen de manera óptima y cada uno de los actores de la empresa puede desempeñar su tarea de forma eficiente. (http://definicion.de).

Estudio de Factibilidad Técnico Económico: Es el análisis que sirve para determinar, por una parte, si es posible materializar la propuesta o proyecto con la tecnología disponible en el mercado, incluyendo la posibilidad del acceso a la misma, y por otra, si es recomendable su implementación y puesta en operación, como resultado de la comparación de los costos y beneficios estimados, es decir, si es rentable.

Evaluación: Término utilizado para referirse al acto de juzgar o apreciar la importancia de un determinado objeto, situación o proceso en relación con ciertas funciones que deberían cumplirse, o con ciertos criterios de valoración, explícitos o no. (Fernández de Silva, 2007, p. 148).

Evidencia: Es un término que procede del latín evidentĭa y que permite indicar una certeza manifiesta que resulta innegable y que no se puede dudar....También se puede emplear como una manera de decir que ha saltado a la luz algo que ya se sospechaba. (º).

Es la certeza clara y manifiesta de una cosa, de tal manera que nadie podrá ponerla en duda o hasta negarla.... Las evidencias una vez que se manifiestan se harán notorias e indiscutibles, se las da como ciertas y no admiten sospechas o dudas, o en su defecto su negación. (www.definicionabc.com).

Explicación: Es el hecho de determinar la causa o el porqué de algo, o encontrar los procesos que permiten comprender de qué manera ocurre un evento. De la explicación de un hecho surge la teoría. (Fernández de Silva, 2007, p. 162).

La explicación se limita a establecer relaciones, ya sea de causalidad o de contingencia entre diferentes fenómenos. Busca las razones y los mecanismos por los cuales ocurren los procesos estudiados. Estas explicaciones pueden ser inferidas de observaciones previas, u obtenidas mediante procesos de razonamiento deductivo o inductivo. (Hurtado de Herrera, 2000, p. 111).

Explicar significa... comprender el proceso de interrelación entre los problemas para tener una visión de síntesis del sistema que los produce. Unos problemas son consecuencias de otros que, a su vez, causan, refuerzan o aminoran los primeros. Por consiguiente, explicar es elaborar hipótesis sobre el proceso de generación de los problemas identificados. (Matus, 1989, p. 379).

Explicación Situacional: Es una reconstrucción simplificada de los procesos que generan los problemas destacados por el actor, de tal manera que los elementos constituyentes de dichos procesos aparecen sistemáticamente interconectados en la generación de tales problemas y de sus características particulares.

En el análisis situacional de un problema o del conjunto de problemas del plan entran numerosas variables entrelazadas por muy distintos tipos de relaciones. Por ello es preferible un método sistemático de trabajo para develar las relaciones sistémicas que constituyen el explicando del problema cuyo vector de definición es el explicado.

Esta técnica es el método de explicación situacional, cuya expresión gráfica es el flujograma situacional. Como toda técnica es simplemente una ayuda para sistematizar el conocimiento sobre una realidad.

...El método de explicación situacional pretende sistematizar la reflexión sobre las causas de un problema, obligar a esa reflexión antes de adelantar soluciones y reconocer que ese problema puede ser explicado desde diversos puntos de vista por los actores que están en contacto directo o indirecto con él. (Matus, 1989, pp. 390-391).

Exploración: ...Implica un proceso investigativo abierto, con procesos inestructurados y recolección de datos amplia, de múltiples fuentes; el énfasis del investigador está en la observación y la recolección y procesamiento de información procedente directamente del contexto y las unidades de la investigación. (Fernández de Silva, 2007, p. 163).

Extranet o Intranet expandida: Una de las nuevas estrategias más importantes en lo que concierne a las intranets implica que la información en las intranets esté disponible para los proveedores, empleados y socios empresariales, que podrán entonces acceder de forma segura a partes selectas de la información corporativa interna. Estas "intranets expandidas", o extranets, pueden utilizarse para acceder a bases de datos corporativas relacionales y dinámicas que pueden ser actualizadas mediante una intranet corporativa. Las extranets simplemente ofrecen un acceso seguro a ciertos datos para determinados usuarios externos, al igual que las intranets limitan el acceso a ciertos datos a los empleados de una organización.

El verdadero beneficio de una extranet es su capacidad para conectar a todos los miembros de la cadena de valor añadido de una empresa. (Marcus y Watters, 2003, pp. 32-33).

Fenómeno: La noción de fenómeno tiene su origen en el término latino *phaenomenon*, que a su vez deriva de un concepto griego. La palabra se refiere a algo que se manifiesta en la dimensión consciente de una persona como fruto de su percepción. (http://definicion.de).

Son muy diversas las reflexiones filosóficas sobre este concepto. Una de las más conocidas es la del filósofo Inmanuel Kant, quien distinguió dos conceptos fundamentales en su teoría del conocimiento, el **fenómeno** y el **noúmeno**. Podríamos decir que el **fenómeno** es la realidad tal y como la percibimos, es decir, aquello que se muestra ante nuestros sentidos y que es captado por el entendimiento humano. La idea de fenómeno implica, según Kant, que hay algo que no conocemos y que es denominado **noúmeno**. El **noúmeno** es lo que va más allá de nuestros límites del conocimiento y el fenómeno es todo aquello que está dentro de sus límites. (www.definicionabc.com).

Formulación: Es el proceso y el resultado de formular (indicar, declarar o exteriorizar algo; explicarlo con palabras precisas). (http://definicion.de).

Futuro: El futuro, afirma Charles Francois, un estudioso de la prospectiva, "es la dimensión en la que la imaginación puede erigir estructuras contradictorias entre sí, pero con todo, no excluyentes unas a otras, dentro de una realidad no materializada".

Decouflé por su parte señala seis maneras principales de expresar algo sobre el futuro, de acuerdo con tres acepciones distintas: destino, porvenir y devenir.

Como destino, el futuro es objeto del discurso del descubrimiento. Aquí se ubican la adivinación –el descubrimiento de la suerte de un individuo- y la profecía, referida al destino de una ciudad o de una cultura determinada.

Si se considera el futuro como porvenir, es decir como el conjunto de estados posibles de la naturaleza a un plazo más o menos lejano, el futuro será objeto del discurso de la descripción imaginaria, encontrándose en el ámbito de la utopía o de la ciencia-ficción.

Por último, si se le concibe como devenir, esto es como proceso histórico, el futuro es objeto del discurso de la acción; estaríamos entonces ante la futurología y la prospectiva. Sin embargo, mientras que el producto de la futurología es la predicción, en la prospectiva se trabaja con conjeturas. (Miklos y Tello, 1993, p. 39).

Gestión de Conocimiento: Es un instrumento básico para la gestión empresarial. Es el proceso constante de identificar, encontrar, clasificar, proyectar, presentar y usar de un modo más eficiente el conocimiento y la experiencia del negocio, acumulada en la organización, de forma que mejore el alcance del empleado para conseguir ventajas competitivas.

La gestión del conocimiento convoca a determinar los conocimientos, incrementarlos y explotarlos para ganar magnitud competitiva; impulsa a comprender que compartir el conocimiento en la empresa aumenta los niveles de rentabilidad y crea un nuevo valor para el negocio, al unir a los integrantes de la organización y aprovechar sus conocimientos de modo que estén en condiciones de enfrentar desde los problemas más simples hasta los más complejos. (http://scielo.sld.cu).

Gestión de la Información: Es la denominación convencional de un conjunto de procesos por los cuales se controla el ciclo de vida de la información, desde su obtención (por creación o captura), hasta su disposición final (su archivo o eliminación). Tales procesos también comprenden la extracción, combinación, depuración y distribución de la información a los interesados. El objetivo de la gestión de la información es garantizar la integridad, disponibilidad y confidencialidad de la información. (http://instituciones.sld.cu).

Gestión de Mantenimiento: Es la efectiva y eficiente utilización de los recursos materiales, económicos, humanos y de tiempo para alcanzar los objetivos de mantenimiento. (COVENIN 3049:1993, p. 1).

Gestión Tecnológica: ...Denota el uso de las técnicas de gestión para dinamizar el proceso de producción e introducción sistemática de innovaciones tecnológicas.... Debe ser colectiva y está orientada a la satisfacción simultánea de lo que llama T. Parsons, los cuatro requisitos funcionales, que todo sistema social debe atender para garantizar su sobrevivencia ante el cambio. Estos requisitos se refieren tanto al plano interno como al plano externo de la organización. Igualmente, tanto a los objetivos instrumentales o intermedios, como a aquellos consumatorios o finales, tal como se ilustra en el siguiente cuadro (Briceño, 1994, 1994, pp. 43-47):

Instrumental	Consumatorio	
Adaptación	Obtención de objetivos	**Externo**
Mantenimiento de pautas y manejo de tensiones	Integración	**Interno**

Guerra Electrónica: Es el conjunto de las acciones militares que se ocupan del empleo de la energía electromagnética para determinar, aprovechar, reducir o impedir por parte del enemigo el empleo de su espectro electromagnético, y de las acciones encaminadas a permitir a las fuerzas propias la utilización eficaz de su espectro electromagnético. La Guerra Electrónica se articula en tres ramas: ESM (Electronic Support Measures), ECM (Electronic Counter Measures) y ECCM (Electronic Counter Counter Measures). (De Arcangelis, 1988, p. 256).

Identificación: Establecimiento de la identidad de objetos sobre la base de tales o cuales rasgos. (p. 232).

Implementación: Es la realización de una aplicación, instalación o la ejecución de un plan, idea, modelo científico, diseño, especificación, estándar, algoritmo o política. En ciencias de la computación, una implementación es la realización de una especificación técnica o algoritmos como un programa, componente software, u otro sistema de cómputo. Muchas implementaciones son dadas según a una especificación o un estándar. ... En la industria IT, la implementación se refiere al proceso post-venta de guía de un cliente sobre el uso del software o hardware que el cliente ha comprado. Esto incluye el análisis de requisitos, análisis del impacto, optimizaciones, sistemas de integración, política de uso, aprendizaje del usuario, marca blanca y costes asociados. (https://educalingo.com/es/).

Incertidumbre: Es la duda o perplejidad que sobre un asunto o cuestión se tiene. "..... En este sentido del término, la incertidumbre se iguala a un estado de duda en el que predomina el límite de la confianza o la creencia en la verdad de un determinado conocimiento.

Dentro de un estado de incertidumbre habrá una clarísima dificultad a la hora de efectuar un pronóstico sobre el futuro. El sentimiento absolutamente opuesto a la incertidumbre es la certeza. Cuando alguien tiene certeza de algo es porque existe a priori un conocimiento seguro y evidente de que algo es cierto, hay pruebas irrefutables y un estado de cosas que lo confirman como cierto. La incertidumbre en cuestión podrá afectar los campos de acción y de decisión o bien afectar la creencia, fe o validez de un determinado conocimiento.

La contracara de la evidencia es la incertidumbre, que implicará la imposibilidad de tener una idea acabada y cierta acerca de un tema. Esta circunstancia siempre dificultará la toma de decisiones. (www.definicionabc.com).

Indagación: Es un proceso de búsqueda, es decir, de inquirir o averiguar con el propósito de encontrar algo y obtener conocimiento de algo o sobre algo. Puede ser sistemática o no, y se verifica durante todo el proceso investigativo, por lo cual no constituye una fase del mismo aun cuando se hace intensiva en la fase exploratoria. (Fernández de Silva, 2007, p. 204).

Indicadores de Gestión: Se define un indicador como la relación entre las variables cuantitativas o cualitativas, que permite observar la situación y las tendencias de cambio generadas en el objeto o fenómeno observado, respecto de objetivos y metas previstos e influencias esperadas.

Estos indicadores pueden ser valores, unidades, índices, series estadísticas, etc.

Los indicadores de gestión son, ante todo, *información,* es decir, agregan valor, no son meros datos. Siendo información, los indicadores de gestión deben tener los atributos de la información, tanto en forma individual como cuando se presentan agrupados. (Beltrán, pp. 38-39).

Indicio: Es aquello que nos permite inferir o conocer la existencia de algo que no se percibe al momento.

Señal, rastro que se deja y que nos permite inferir o sacar conclusiones sobre un hecho De acuerdo a los estudios llevados a cabo por el lógico y filósofo Charles Sanders Peirce, el indicio es un signo que estará determinado por su objeto dinámico como consecuencia de la relación que mantiene con éste. El indicio es uno de los tres niveles que presenta el signo; el mismo se encuentra inmediatamente relacionado con el objeto denotado, como por ejemplo, la aparición de un síntoma de una enfermedad, el movimiento de una veleta hacia una determinada dirección, lo cual nos dirá la dirección que presenta en ese momento el viento. (www.definicionabc.com).

Un indicio es sólo un signo para nosotros: no quiere decir nada, somos nosotros los que lo hacemos hablar. Digamos que es un hecho susceptible de interpretación: un hecho significativo, pero sin voluntad de significación. (Comte-Sponville, 2005, p. 279).

Intervención: La palabra intervención es de utilización frecuente en la disciplina de la gestión. La mayoría las Teorías de intervención tiene un punto de anclaje con la sociología y la psicología y ha sido empleada por casi todas las corrientes del pensamiento administrativo. Utilizaremos la palabra intervención en su acepción de "Tomar parte en un asunto".

La Teoría de la Intervención y del Cambio,..., intenta explicar el rol de los distintos contenidos de gestión y sus condiciones de inserción en problemas particulares (Investigación de Operaciones, Calidad Total, etc.) cuando éstas son aplicadas en un medio organizacional. (Carrasquero y Torres, 1991, pp. 363).

Es la acción y efecto de intervenir. Este verbo hace referencia a diversas cuestiones. Intervenir puede tratarse del hecho de dirigir los asuntos que corresponden a otra persona o entidad. (http://definicion.de).

Intervención Correctiva: Es la intervención que se efectúa con suficiente antelación para evitar, enfrentar o eliminar amenazas identificadas en escenarios prospectivos que pudiesen afectar un área de interés de un actor.

Intervención de Escenarios: Es una intervención parecida a la correctiva, pero mucha más amplia y con mayores opciones, dependiendo del tipo de escenario en el cual haya que participar.

Intranet: Es una red de conocimiento privada que proporciona un acceso colectivo seguro e integrado a información, servicios, aplicaciones empresariales y comunicaciones.... Es un entorno informático heterogéneo que interconecta diferentes plataformas hardware, sistemas operativos, entornos e interfaces de usuario y que permite una comunicación, cooperación, transacción, difusión e innovación transparentes.... Es una herramienta de aprendizaje capaz de integrar personas, procesos, procedimientos y principios para formar una cultura intelectualmente creativa dedicada a mejorar la eficiencia organizativa. (Marcus y Watters, 2003, p. 24).

Invención: La palabra invención se aplica a tres elementos: una idea, un producto y el proceso por medio del cual se logran los dos anteriores....algunos análisis proponen que la invención es fruto del inconsciente y es captada por el consciente. El proceso es inducido u accidental. En el primer caso se intenta crear algo que responda a una situación; en el segundo, ocurre casualmente.

Cuando la invención es provocada, las etapas del proceso son: **1.** Determinar un problema, una necesidad o un deseo. **2.** Establecer el escenario, las condiciones y requisitos del resultado deseable. **3.** Documentar, obtener la mayor información disponible que posibilite la generación de la respuesta. **4.** Promover que ocurra el acto de intuición en el que se logra la solución. **5.** Evaluar críticamente o contrastar la respuesta. (García, 2005, pp. 125, 127).

Lineamientos: En cualquier área del conocimiento, implican un conjunto de instrucciones que deben ser claras, precisas y concisas, y, esencialmente, deben ser entendibles por el receptor del mensaje. Para ello el emisor debe saber qué es lo que quiere lograr con dichos lineamientos y, en consecuencia, deberá formular objetivos precisos que conduzcan al receptor del mensaje al logro de tales objetivos…. Los lineamientos constituyen la columna vertebral de la cual se derivan los diferentes métodos y metodologías, procesos y procedimientos, técnicas, tácticas y estrategias mediante los cuales se elaboran manuales, instructivos, ordenanzas, circulares normativas, reglamentos, códigos, normas y leyes generales y particulares que rigen la convivencia humana y que norman las diferentes relaciones entre las personas y las de ellas con el medio en el cual conviven. (Fernández de Silva, 2007, p. 244).

Mantenimiento: Conjunto de actividades que deben realizarse a instalaciones y equipos, con el fin de corregir o prevenir fallas, buscando que estos continúen prestando el servicio para el cual fueron diseñados. (www.academia.edu).

Manual: Compendio de lineamientos, datos e informaciones generales y particulares relativas a un asunto determinado que establece normas, técnicas y procedimientos en función del "cómo hacer" dicho asunto. Un manual constituye una herramienta auxiliar del trabajador, técnico, investigador o profesional de cualquier rama y nivel por cuanto le suministra informaciones precisas de primera mano y le orienta sistemáticamente para la ejecución eficiente y oportuna de la tarea emprendida. Un manual contiene un conjunto de instrucciones detalladas punto por punto, aspecto por aspecto y paso a paso del "qué hacer" y del "cómo hacer" en cada circunstancia de tiempo y lugar. (Fernández de Silva, 2007, p. 249).

Marco Referencial o Marco Teórico: Para definirlo, podemos decir que en el marco teórico se expresan las proposiciones teóricas generales, las teorías específicas, los postulados, los supuestos, categorías y conceptos que han de servir de referencia para ordenar la masa de los hechos concernientes al problema o problemas que son motivo de estudio e investigación. También –en las investigaciones avanzadas- puede ser el encuadre en que se sitúan las hipótesis que hay que verificar. (Ander-Egg, 2000, p. 93).

Metaobservatorio: Es un portal Web que interconecta a varios observatorios de una misma temática o de diferentes áreas que son del interés de un ente gubernamental o de una comunidad, tales como: Metaobservatorio de Salud (Observatorios individuales de hospitales públicos, clínicas y hospitales privados, ambulatorios, centros de salud, etc.), Metaobservatorio de Gobierno Estadal (Observatorios individuales de salud, criminalidad, desarrollo humano, deporte, industrial, vial, etc.).

Método: Es la forma o manera de realizar una labor, pero tomando en cuenta los fines, los objetivos, las facilidades disponibles y los recursos que se utilizarán en su realización. (Melinkoff, 1987, p. 35).

Metodología: De *método*, y de *logos*, estudio. Estudio de los modos o maneras de llevar a cabo una actividad determinada. En el campo de la investigación, la metodología es el área del conocimiento que estudia los métodos generales del proceso científico. En la comprensión holística la metodología incluye el estudio de los métodos, las técnicas, las tácticas, las estrategias y los procedimientos que utiliza el investigador para lograr los objetivos de su trabajo, y comprende el conocimiento de todos y cada uno de los pasos (algunos secuenciales y otros simultáneos), que implica el proceso investigativo. Para la investigación holística, el proceso metodológico abarca desde antes de la selección del tema hasta la culminación y evaluación del trabajo. (Fernández de Silva, 2007, p. 260).

Modelo: El término modelo abarca varios significados; el primero de ellos al que nos referiremos es el de: **a)** *Representación*. Por ejemplo, la maqueta de un edificio es un modelo porque lo representa. Aunque no veamos al edificio, gracias al modelo comprendemos como será….**b)** La palabra "modelo" también se emplea en el sentido de *perfección* o *ideal*. Por ejemplo, decimos "Juan es un estudiante modelo"…**c)** Otra significación de la palabra "modelo" es la de *muestra*; es la que se emplea, por ejemplo, cuando en una unidad habitacional un vendedor nos lleva a ver la casa "modelo"…

En la ciencia continuamente se hace referencia a los modelos científicos que pueden entenderse abarcando las tres significaciones: *representan* la teoría, muestran las condiciones *ideales* en las que se produce un fenómeno al verificarse una ley o una teoría y, por otro lado, constituyen una *muestra* particular de la explicación general que da la teoría. (Yurén, 2002, pp. 55-56).

Modelo de Alfabetización Tecnológica: Es un modelo que permite desarrollar los conocimientos y habilidades tanto instrumentales como cognitivas en relación con la información vehiculada a través de nuevas tecnologías (manejar el software, buscar información, enviar y recibir correos electrónicos, utilizar los distintos servicios de WWW, etc.), además plantear y desarrollar valores y actitudes de naturaleza social y política con relación a las tecnologías. (http://biblioteca.itson.mx/).

Modelo de Gestión: Es un esquema o marco de referencia para la administración de una entidad. Los modelos de gestión pueden ser aplicados tanto en las empresas y negocios privados como en la administración pública.

Esto quiere decir que los gobiernos tienen un modelo de gestión en el que se basan para desarrollar sus políticas y acciones, y con el cual pretenden alcanzar sus objetivos.

El modelo de gestión que utilizan las organizaciones públicas es diferente al modelo de gestión del ámbito privado. Mientras el segundo se basa en la obtención de ganancias económicas, el primero pone en juego otras cuestiones, como el bienestar social de la población. (http://definicion.de).

Modelo Gerencial: Es una estrategia de gestión operativa de Management que se utiliza para direccionar el sistema estratégico de una empresa u organización. Los Modelos gerenciales se originan en las diferentes escuelas de pensamiento administrativo tanto clásicas como de última generación. (www.unipamplona.edu.co/).

Necesidad: Es una carencia que exige satisfacción. El ser humano es consciente de sus carencias. En el concepto de necesidad humana hay que incluir el elemento de la consciencia y el de la respuesta planificada. Esto nos diferencia de la mayoría de los animales, su nivel de consciencia y planificación es menor. La técnica tiene en este hecho su origen. El hombre es un ser cuya esencia consiste en cubrir sus necesidades a través del uso de su razón. Nacemos desprotegidos, pero con una capacidad general para solucionar infinidad de problemas. (González, 2004, pp. 288-289).

Es una carencia o escasez de algo que se considera imprescindible. ... Una necesidad social es una serie de requerimientos comunes de una sociedad en relación a los medios necesarios y útiles para su existencia y desarrollo. La respuesta a esas necesidades supone la satisfacción temporal o permanente de las necesidades de una población. Se consideran necesidades sociales las que son compartidas por una población, como pueden ser la vivienda, seguridad y educación. (www.significados.com).

Observatorio: ...organizaciones que actúan como "sensores" del sistema sobre el que actúa, por lo que su función se dirige a percibir la información relevante de todo aquello que incida en el ámbito de acción del sector para apoyar la gestión del conocimiento y seguimiento del sistema, a fin de orientar la toma de decisiones.

...Los observatorios nacionales buscan diagnosticar, conocer y verificar la realidad nacional.... Cada observatorio nacional está llamado a ejercer esa función con la óptica puesta en el segmento de la realidad que le compete. (ONCTI, 2010, pp.2-3)

Oficina Virtual: Es un lugar virtual e intangible donde se llevan a cabo tareas de negocios como si se tratase de una oficina física. Principalmente las oficinas virtuales van enfocadas a prestar servicios a los clientes, es decir que una oficina virtual puede ofrecer productos y servicios sin hacer uso de los medios tradicionales, lo cual puede llegar a ser mucho más eficiente, ya que los clientes pueden acceder a la información o servicios las 24 horas del día. (http://oficinas-virtuales.org/).

Opciones: ...El término opción se utiliza tanto para hacer referencia a la facultad de elegir como a la propia elección y a cada una de las posibilidades que se toman en cuenta.... Una opción también es el derecho a elegir entre dos o más cosas, basado en un precepto legal o en negocio jurídico....Cuando se nos presentan varias opciones, son muchos los factores a analizar antes de tomar una decisión, y es a través del estudio de esos factores que pueden entenderse nuestras actitudes. (http://definicion.de).

Optimización: Es la acción y efecto de optimizar. Este verbo hace referencia a buscar la mejor manera de realizar una actividad. El término se utiliza mucho en el ámbito de la informática.

...En el área de las matemáticas, la optimización intenta aportar respuestas a un tipo general de problemas que consiste en seleccionar *el mejor* entre un conjunto de elementos.

A nivel general, la optimización puede realizarse en diversos ámbitos, pero siempre con el mismo objetivo: mejorar el funcionamiento de algo o el desarrollo de un proyecto a través de una gestión perfeccionada de los recursos. La optimización puede realizarse en distintos niveles, aunque lo recomendable es concretarla hacia el final de un proceso. (http://definicion.de).

Paradoja: Es un hecho o una frase que parece oponerse a los principios de la lógica. La palabra, como tal, proviene del latín *paradoxa*, plural de *paradoxon*, que significa 'lo contrario a la opinión común';**...**

En este sentido, una **paradoja** puede ser un hecho que, en apariencia, es contrario a la lógica... Como tal, la **paradoja** suele dar la impresión de oponerse a la verdad o de contradecir el sentido común, no obstante, la paradoja no encierra una contradicción lógica, tan solo la aparenta: "¿Por qué si hay infinitas estrellas el cielo es negro?" (Paradoja de Olbers)....

La **paradoja** es un excelente estímulo para la reflexión y para el desarrollo de las capacidades analíticas, para la comprensión de ideas abstractas, así como para el desarrollo de destrezas intelectuales. Por este motivo, encontramos paradojas en distintas disciplinas de conocimiento, como las matemáticas, la filosofía, la psicología, la física, etc. (www.significados.com).

Següillo (1993) ha ensayado una caracterización epistémica según la cual una paradoja es una **argumentación** que conduce a una conclusión considerada (creída) falsa (e incluso contradictoria) como punto final de una cadena de razonamientos considerada correcta y que parte de premisas consideradas todas verdaderas. Los términos epistémicos "considerada", "creída" indican que las paradojas son relativas a estados de **creencias**. Esta formulación es útil porque facilita la identificación del efecto paradójico como una desviación de las expectativas. Ahora bien, esa desviación obliga a buscar una explicación de la discrepancia como forma de resolver la paradoja. (Muñoz y Velarde, 2000, p. 437).

Las paradojas surgen cuando dos juicios que se excluyen recíprocamente (contradictorios) resultan demostrables en la misma medida. Pueden aparecer tanto en el marco de una teoría científica como en los razonamientos cotidianos... (Rosental-ludin, 2004, p. 351).

Plan: Documento formal basado en hechos concretos y suposiciones que contiene la síntesis de las Acciones proyectadas a ejecutar a través de un determinado lapso, para el logro de Objetivos preestablecidos. (Cárdenas, 1974, pp. 8).

Plan de Contingencia: Es un tipo de plan preventivo, predictivo y reactivo. Presenta una estructura estratégica y operativa que ayudará a controlar una situación de emergencia y a minimizar sus consecuencias negativas.

El plan de contingencia propone una serie de procedimientos alternativos al funcionamiento normal de una organización, cuando alguna de sus funciones usuales se ve perjudicada por una contingencia interna o externa.

Esta clase de plan, por lo tanto, intenta garantizar la continuidad del funcionamiento de la organización frente a cualquier eventualidad, ya sean materiales o personales. Un plan de contingencia incluye cuatro etapas básicas: la evaluación, la planificación, las pruebas de viabilidad y la ejecución.

Los especialistas recomiendan planificar cuando aún no es necesario; es decir, antes de que sucedan los accidentes. Por otra parte, un plan de contingencia debe ser dinámico y tiene que permitir la inclusión de alternativas frente a nuevas incidencias que se pudieran producir con el tiempo. Por eso, debe ser actualizado y revisado de forma periódica.

Un plan de contingencia también tiene que establecer ciertos objetivos estratégicos y un plan de acción para cumplir con dichas metas.

... Todo plan de contingencia tiene que estar conformado a su vez por otros **tres planes** que serán los que establezcan las medidas a realizar, las amenazas a las que se hace frente y el tiempo de establecimiento de aquellas.

En primer lugar, está el **plan de respaldo** que es aquel que se encarga de determinar lo que son las medidas de prevención, es decir, las que se tienen que llevar a cabo con el claro objetivo de evitar que pueda tener lugar la materialización de una amenaza en concreto.

En segundo lugar, también integra al proyecto de contingencia lo que es el **plan de emergencia** que, como su propio nombre indica, está conformado por el conjunto de acciones que hay que llevar a efecto durante la materialización de la amenaza y también después de la misma. Y es que gracias a aquellas se conseguirá reducir y acabar con los efectos negativos de aquella.

Y en tercer lugar está el **plan de recuperación** que se realiza después de la amenaza con el claro objetivo de recuperar el estado en el que se encontraban las cosas antes de que aquella se hiciera real. (http://definicion.de).

Plan de Mantenimiento: Es el elemento en un modelo de gestión de activos que define los programas de mantenimiento a los activos (actividades periódicas preventivas, predictivas y detectivas), con los objetivos de mejorar la efectividad de estos, con tareas necesarias y oportunas, y de definir las frecuencias, las variables de control, el presupuesto de recursos y los procedimientos para cada actividad. (https://reliabilityweb.com).

Plan Estratégico: Es un documento integrado en el plan de negocio que recoge la planificación a nivel económico-financiera, estratégica y organizativa con la que una empresa u organización cuenta para abordar sus objetivos y alcanzar su misión de futuro.

... Un plan estratégico debe incluir:

- La misión de la empresa
- Visión estratégica que defina los objetivos a alcanzar y el modo de conseguirlos
- Análisis del presente de la empresa y su entorno o escenario

- Plan de acción u operativo con el que llevar a cabo las estrategias que se hayan definido. (http://economipedia.com).

Planteamiento del Problema: es la parte de una tesis, trabajo o proyecto de investigación en la cual se expone el asunto o cuestión que se tiene como objeto aclarar.

Desde el punto de vista de la metodología científica, el planteamiento del problema **es la base de todo estudio o proyecto de investigación**, pues en él se define, afina y estructura de manera formal la idea que mueve la investigación.

Pero, ¿cómo sabemos que estamos ante un problema apto para un trabajo de investigación? Pues, principalmente cuando encontramos que no existe respuesta en el corpus de investigaciones científicas para explicar ese hecho o fenómeno específico.

Para la formulación del problema, **debemos ir de lo general a lo particular**, pues se parte de una interrogante que engloba un problema que luego irá siendo abordado por partes.

En términos metodológicos, el planteamiento del problema, que suele ser también el primer capítulo de una tesis, pretende responder la pregunta fundamental de "¿qué investigar?" De modo que el planteamiento del problema es lo que determina, orienta y justifica el desarrollo del proceso de investigación. (www.significados.com).

Políticas: Constituyen una norma de acción, son un conjunto de reglas y de orientaciones que delimitan la acción administrativa. Son la guía esencial que conduce las actividades hacia los **fines** y **objetivos**. Las políticas expresan de manera general los **fines**. (Melinkoff, 1987, p. 26).

Portal: .... Es un tipo de sitio web que actúa como punto de inicio para muchos otros sitios y/o colecciones de información.... Técnicamente hablando, un sitio portal incluye una página de inicio con una rica capacidad de navegación y una colección de elementos poco integrados, algunos de los cuales son proporcionados por socios comerciales o por terceros. La audiencia a la que va dirigido es amplia y diversa. El término portal se ha convertido en un coloquialismo para prácticamente cada sitio web complejo que incluya elementos tales como:

- Compartición, descubrimiento, administración y distribución de información.
- Servicios de gestión de documentos.
- Personalización del equipo de escritorio. (Marcus y Watters, 2003, pp. 32-33).

Problema: Es un asunto o cuestión que se debe solucionar o aclarar, una contradicción o un conflicto entre lo que es y lo que debe ser, una dificultad o un inconveniente para la consecución de un fin...

El concepto de problema en el sentido de cuestión que se debe solucionar es aplicable a las más variadas disciplinas, como la matemática, la filosofía, la ecología, la economía, la política, la sociología y la metodología, entre otras.

Un problema de investigación es aquel asunto o cuestión que un trabajo de investigación o proyecto de investigación se plantea como objetivo aclarar.

El problema de investigación, como tal, es lo que justifica y orienta el proceso de investigación y la actividad del investigador. Así, lo primero para llevar a cabo un trabajo de investigación es definir, mediante la aplicación de diferentes criterios científico-metodológicos, todos los aspectos del fenómeno que se pretende estudiar y explicar. (www.significados.com).

Un problema es una brecha entre una realidad o un aspecto de ella y un valor o deseo de cómo debe ser esa realidad para un determinado observador, sea éste individual o colectivo. (https://scielo.conicyt.cl).

Procedimientos: Son la realización de una serie de labores en forma orgánica y guardando una sucesión cronológica en la manera de realizar esas labores. (Melinkoff, 1987, p. 34).

Procesos: Son una serie de acciones u operaciones que se realizan de acuerdo a unas normas, unos principios, leyes y reglas. ... Los procesos son un medio, un instrumento por excelencia, para alcanzar los fines, objetivos y metas de toda organización. ... Todo proceso se descompone en una serie de procedimientos, y éstos a su vez en métodos, así existe una secuencia lógica y orgánica entre ellos. (Melinkoff, 1987, pp. 32-33).

Programa: Planteamiento, escrito o no, mediante el cual se indican los pormenores del desarrollo que tendrá un acto o actividad. Según Briones (1991 c.p. H de B, 2000), un programa es un conjunto de actividades articuladas y coordinadas en torno a objetivos de duración variable. Según Guiraud (s/f), es un conjunto ordenado y formalizado de las operaciones necesarias y suficientes para obtener un resultado deseado. (Fernández de Silva, 2007, p. 306).

Prospectiva: Consiste en atraer y concentrar la atención sobre el porvenir imaginándolo a partir del futuro y no del presente. La prospectiva no busca adivinar el futuro, sino que pretende construirlo. Así, anticipa la configuración de un futuro deseable, luego, desde ese futuro imaginado, reflexiona sobre el presente con el fin de insertarse mejor en la situación real, para actuar más eficazmente y orientar nuestro desenvolvimiento hacia ese futuro objetivado como deseable. La prospectiva se propone entonces hacer el futuro deseable, más probable que los otros, trascendiendo lo exclusivamente posible, pero sin dejar de incorporarlo también. (Miklos y Tello, 1993, p. 42).

Reingeniería: Es el rediseño rápido y radical de los procesos estratégicos de valor agregado –y de los sistemas, las políticas y las estructuras organizacionales que los sustentan– para optimizar los flujos del trabajo y la productividad de una organización. (Manganelli y Klein, 1997, p. 8).

Resolución: Es el acto y el resultado de resolver. Este verbo puede referirse a encontrar una solución para algo o a determinar alguna cuestión. Un problema, por otra parte, es una dificultad, un contratiempo o un inconveniente.

El concepto de resolución de problemas está vinculado al procedimiento que permite solucionar una complicación. La noción puede referirse a todo el proceso o a su fase final, cuando el problema efectivamente se resuelve.

En su sentido más amplio, la resolución de un problema comienza con la identificación del inconveniente en cuestión. Después de todo, si no se tiene conocimiento sobre la existencia de la contrariedad o no se la logra determinar con precisión, no habrá tampoco necesidad de encontrar una solución.

Una vez que el problema se encuentra identificado, se hace necesario establecer una planificación para desarrollar la acción que derive en la resolución. En ciertos contextos, la resolución de problemas obliga a seguir determinados pasos o a respetar modelos o patrones. (http://definicion.de).

Reubicación: El término reubicación no forma parte del diccionario de la Real Academia Española (RAE). El concepto que podemos encontrar en la publicación es ubicación: el proceso y el resultado de ubicar (colocar algo o a alguien en un cierto lugar).

Si tenemos en cuenta la utilización del prefijo *re-*, podemos decir que la reubicación consiste en volver a ubicar....

La reubicación suele tratarse de una decisión de un gobierno para trasladar personas, construcciones, instituciones, etc. desde un punto hacia otro del territorio. (http://definicion.de).

Sistema de Contraloría Social: Es un sistema que sirve "... como medio de participación y de corresponsabilidad de los ciudadanos, las ciudadanas y sus organizaciones sociales, mediante el ejercicio compartido, entre el Poder Público y el Poder Popular, de la función de prevención, vigilancia, supervisión y control de la gestión pública y comunitaria, como de las actividades del sector privado que incidan en los intereses colectivos o sociales". (Ley Orgánica de Contraloría Social, 2010, Art. 1).

Sistema de Control de Acceso: Es un sistema electrónico que restringe o permite el acceso de un usuario a un área específica validando la identificación por medio de diferentes tipos de lectura (clave por teclado, tags de proximidad o biometría) y a su vez controlando el recurso (puerta, torniquete o talanquera) por medio de un dispositivo. (www.tecnoseguro.com).

Sistema de Control de Gestión: Es aquel que tiene como objetivo facilitar a los administradores con responsabilidades de planeación y control de cada grupo operativo, información permanente e integral sobre su desempeño, que les permita a éstos autoevaluar su gestión y tomar los correctivos del caso. (Beltrán, 1999, p. 35).

Sistema de Control de Inventario: Es aquel que se utiliza para registrar las cantidades de mercancías existentes y para establecer el costo de la mercancía vendida. Existen básicamente dos sistemas para llevar a cabo los registros de inventario: el sistema periódico y el sistema perpetuo. (www.ecured.cu).

Sistema de Gestión: es una serie de procesos, acciones y tareas que se llevan a cabo sobre un conjunto de elementos (personas, procedimientos, estrategias, planes, recursos, productos, etc.) para lograr el éxito sostenido de una organización, es decir, disponer de capacidad para satisfacer las necesidades y las expectativas de sus clientes o beneficiarios, trabajadores y de otras partes interesadas a largo plazo y de un modo equilibrado y sostenible. (http://blog.seidor.com/).

Sistema de Gestión Administrativa: Es aquel que debe proveer información razonada, en base a registros técnicos, de las operaciones realizadas por la empresa con el fin de interpretar sus resultados. Estos datos permitirán conocer la estabilidad y solvencia de la compañía, la situación de cobros y pagos, las tendencias de las ventas, costes y gastos generales, entre otros.

De este modo se podrá conocer la capacidad financiera de la empresa y tomar decisiones estratégicas en base a datos reales. (www.tibel.com/).

Sistema de Información: Es u conjunto sistemático y formal de componentes, capaz de realizar operaciones de procesamiento de datos con los siguientes propósitos: (a) llenar las necesidades de procesamiento de datos correspondientes a los aspectos legales y otros, de las transacciones, (b) proporcionar información a los administradores, en apoyo de las actividades de planeación, control y toma de decisiones, y (c) producir una gran variedad de informes, según se requiera, para los grupos externos. (Burch y Strater, 1983, p. 99).

Sistema de Información de Mantenimiento: Es un conjunto de procedimientos interrelacionados, formales e informales, que permite la captura, procesamiento y flujo de la información requerida en cada uno de los niveles de la organización para la toma posterior de decisiones....

A continuación se presentan los procedimientos que contiene el sistema de información de mantenimiento propuesto y su uso en los subsistemas de mantenimiento propuesto y su uso en los subsistemas de mantenimiento programado, rutinario, de reparación, correctivo, circunstancial y preventivo, y registro de información financiera:

- Inventario de los objetos del sistema de producción.
- Codificación de los objetos de mantenimiento.
- Registro de objetos de mantenimiento.
- Instrucciones técnicas de mantenimiento.
- Procedimiento de ejecución.

- Programación de mantenimiento.
- Cuantificación de personal de mantenimiento.
- Ticket de trabajo.
- Chequeo de mantenimiento rutinario.
- Recorrido de inspección.
- Chequeo de mantenimiento circunstancial.
- Inspección de instalaciones y edificaciones.
- Registro semanal de fallas.
- Orden de trabajo.
- Orden de salida de materiales y/o repuestos.
- Requisición de materiales y/o repuestos.
- Requisición de trabajo.
- Historia de fallas.
- Acumulación de consumo de materiales, repuestos y horas-hombre.
- Presupuesto anual de mantenimiento. (COVENIN 3049:1993, pp. 10-14).

Sistema de Información Estratégica: Los sistemas de Información Estratégicos (SIE): están enfocados a crear o permitir lazos e integración de entidades (organizaciones) para crecer, competir y sobrevivir dentro de su ambiente.

Un sistema de información estratégico (SIE), es un sistema de información usado para el soporte de estrategias competitivas de una organización. (http://sigcalidad.blogspot.com/).

Los sistemas de información estratégicos consisten en manejar la información procesada de una organización de modo que se pueda utilizar para ser competitivos renunciando a algunas cosas para alcanzar el objetivo propuesto.

Su función es lograr ventajas que los competidores no posean, tales como ventajas en costos y servicios diferenciados con clientes y proveedores. Los sistemas estratégicos son creadores de barreras de entrada al negocio.

Sus principales características son:

- Apoyan el proceso de innovación de productos y proceso dentro de la empresa debido a que buscan ventajas respecto a los competidores y una forma de hacerlo es innovando o creando productos y procesos.
- Son Sistemas que integran múltiples funciones/procesos en las Compañías.
- Surgen por la necesidad de integración de procesos y como un resultado de la maduración de la industria del software.

- Son altamente costosos y de gran alcance.
- Típicamente su forma de desarrollo es a base de incrementos y a través de su evolución dentro de la organización. Se inicia con un proceso o función en particular y a partir de ahí se van agregando nuevas funciones o procesos. (www.grandespymes.com.ar).

Sistema de Información Gerencial: Un sistema de información gerencial (MIS, por sus siglas en inglés) es un conjunto de sistemas y procedimientos que recopilan información de una variedad de fuentes, la compilan y la presentan en un formato legible. Los gerentes utilizan un MIS para crear informes que les proporcionen una visión completa de toda la información que necesitan para tomar decisiones que van desde pequeños detalles diarios hasta una estrategia de nivel superior. Los sistemas actuales de gestión de la información se basan en gran medida en la tecnología para recopilar y presentar datos, pero el concepto es más antiguo que las tecnologías informáticas modernas. (https://pyme.lavoztx.com).

Sistema de Mantenimiento: Es un conjunto coherente de políticas y procedimientos, a través de los cuales se realiza la gestión de mantenimiento para lograr la disponibilidad requerida de los sistemas de producción al costo más conveniente. (COVENIN 3049:1993, p. 9).

Sistema de Monitoreo: Un sistema de monitoreo es un proceso continuo y sistemático que mide el progreso y los resultados de la ejecución de un conjunto de actividades (proceso) en un período de tiempo, con base en indicadores previamente determinados. El seguimiento se refiere a un conjunto de acciones que permiten comprobar en qué medida se cumplen las metas propuestas en el sentido de eficiencia y eficacia. El monitoreo garantiza que se logre el resultado. El seguimiento registra si ese logro del resultado, unido a los logros de otros procesos, se ha hecho eficiente y eficaz. En el monitoreo se buscan las razones de las fallas comprobadas, con el objetivo de encontrar alternativas de solución. El monitoreo reporta logros para que las prácticas exitosas puedan ser replicadas y las erróneas revisadas (Rodríguez, 1999, citado por http://edwingarcia1975.blogspot.com).

Sistema de Simulación: Es un sistema computarizado que permite emular un sistema o proceso y conducir experimentalmente con este modelo, con el propósito de entender el comportamiento del sistema del mundo real o evaluar varias estrategias con los cuales puedan operar el sistema.

Sistema Gerencial: Es aquel que abarca todos los procesos administrativos y gerenciales por medio de los cuales una organización maneja, de manera normalizada, programada, los asuntos que debe resolver para tomar decisiones y asignar recursos y controlar... Incluye sistemas tales como: sistemas de planificación y presupuesto, sistemas de administración de personal, sistemas de control, sistemas de información... Pueden o no ser automatizados...(www.empresarios.org).

Sistema Inteligente de Gestión: Es una aplicación informática que almacena toda la información y el conocimiento de una organización, permitiendo agilizar y automatizar el tratamiento, gestión, conservación, publicación y control sobre diversos tipos de contenidos electrónicos, es decir, que hayan sido creados originalmente en soporte digital o digitalizados con posterioridad a su creación. (www.kleos.wolterskluwer.com).

Sistema Logístico Integrado (SLI): La Sociedad de Ingeniería Logística define el sistema logístico integrado de la siguiente manera: "Es el conjunto de actividades técnicas y de gestión, llevadas a cabo a lo largo del ciclo de vida programado de un sistema. Su objetivo es asegurar que se tomen en cuenta las consideraciones del apoyo logístico en el proceso de diseño. Esto al tiempo en que se planifican la identificación y obtención de los recursos necesarios para su operación y mantenimiento".

Por su parte, Benjamín Blanchard, ingeniero de sistemas estadounidense y profesor emérito de Ingeniería Industrial y de Sistemas en Virginia Tech, ofrece la siguiente definición para el soporte logístico integrado: "método disciplinado, unificado e iterativo para la gestión y las actividades técnicas necesarias para 1) integrar consideraciones de soporte en el diseño de sistemas y equipos; 2) desarrollar requisitos de soporte que estén relacionados consistentemente con los objetivos de preparación, con el diseño, y relacionados entre ellos; 3) adquirir el soporte requerido, y 4) proporcionar el soporte requerido durante la fase operativa a un costo mínimo".

… El SLI comprende la planificación integrada y la acción de una serie de disciplinas entrelazadas entre sí para garantizar la disponibilidad del sistema. Su objetivo de crear sistemas que duren más y requieran menos soporte, reduciendo así los costos y aumentando el rendimiento de las inversiones. Por lo tanto, aborda estos aspectos de compatibilidad no solo durante la adquisición, sino también a lo largo del ciclo de vida operativo del sistema. (www.esan.edu.pe).

Subdisciplinas: Son las entradas más específicas de la Nomenclatura de Ciencia y Tecnología de la UNESCO y representan las actividades que se realizan dentro de una disciplina. Están codificadas con seis dígitos. A su vez, deben corresponderse con las especialidades individuales en Ciencia y Tecnología. (http://skos.um.es/unesco6/).

Tabulación: Consiste en organizar los datos, obtenidos en el proceso de categorización y codificación, en tablas que permitan resumir la información y visualizarla fácilmente. Se podría pensar que cuando se aplican técnicas de análisis cualitativo no se necesita vaciar la información codificada en tablas. Sin embargo, las tablas pueden ser un excelente recurso para captar aspectos importantes de los datos y facilitar el establecimiento de las relaciones propias del procesamiento. (Hurtado de Barrera, 2010, p. 1213).

Taxonomía: …Disciplina que estudia las reglas y principios aplicables a la clasificación de los elementos de una serie. Término aplicable a todo tipo de clasificación que implique la seriación de características combinables entre sí, por lo cual se origina una voluminosa nomenclatura tipológica….**En investigación** el concepto de taxonomía fue utilizado para designar las clasificaciones que se hacen como producto de alguna investigación, siempre y cuando tal clasificación sea jerárquica. (Fernández de Silva, 2007, p. 348).

Técnica: Refiere la forma en que ha de efectuarse una acción concreta, es el sistema físico que permite la realización de la tecnología. Es producto de la ejecución de una actividad de la que emanan abundantes experiencias que aportan datos y se valoran en cada ocasión: la situación, las condiciones, las posibilidades y las limitaciones. …La técnica es un recurso operativo, manual o intelectual que posibilita la realización exitosa de una actividad con el auxilio de herramientas y procedimientos que facilitan la tarea humana logrando hacer más eficaz y eficiente el trabajo. (García, 2005, p. 61).

Tecnología: Es un procedimiento con el que se trata de ordenar el mundo, es un saber experto, habitualmente apoyado en el conocimiento verificado, científico o en el propio dominio de la tecnología que se ocupa de investigar, diseñar artefactos y planear su realización, operación y mantenimiento, siempre en colaboración con una o más ciencias.

El vocablo tecnología como un saber útil que confiere al hombre la capacidad de actuar remite invariablemente a conocimientos, actividades, procesos, técnicas, medios y equipo obligatorios para generar bienes y servicios, tanto como a los mismos artefactos que resultan de procesos de investigación y producción. Es uno de los conceptos más polisémicos en el ámbito del conocimiento técnico que hace referencia al complejo sistema que comprende la colaboración experta y retroalimentación de la técnica con la ciencia, la naturaleza y la sociedad, conformando en tal concepto un sistema de acciones intencionales y precisas con las que se actúa de manera diestra en el ámbito de nuestra cultura. (García, 2005, pp. 60, 63).

Telemedición: Sistema que, a través de señales eléctricas, permite conocer a distancia las indicaciones de un instrumento de medida: *la telemedición permite saber a distancia lo que marca una sonda meteorológica.* (www.wordreference.com/).

Tendencia: Curso promedio y predominante de una serie, con frecuencia se expresa como el crecimiento promedio durante un período.

Condición en la cual una serie de tiempo presenta un aumento o disminución consistente a través del tiempo. (Makridakis y Wheelwright, 1997, p. 714)

Teoría Innovadora para la Solución de Problemas (TRIZ): Entre los sistemas de innovación tecnológica más poderosos y sistematizados actuales, se encuentra el llamado "Método TRIZ". El método fue desarrollado en la antigua Unión de repúblicas Socialistas Soviéticas por el doctor en ingeniería mecánica, Genrich Altshuller,… TRIZ es un acrónimo de Teorija Rezhenija Izobretatelskikh Zadatch, que la misma se ha traducido a varios idiomas como: The Russian Theory of Inventive Problem Solving, en inglés y en nuestro idioma por: Teoría Innovadora para la Solución de Problemas.…

En términos generales, la teoría consiste en descubrir las principales contradicciones en un problema de innovación tecnológica o la necesidad de generar un invento, dichas contradicciones se dividen en:

a) Contradicciones Técnicas que son las que involucran a dos elementos de un sistema tecnológico.

b) Contradicciones físicas que corresponden a una sola parte del sistema tecnológico.

Más tarde, el experto propone 39 parámetros o características de cualquier sistema tecnológico así como su aportación más importante, los 40 principios para inventar o innovar, mismos que son la base de la matriz de contradicción... (Maldonado y otros, pp. 25-39-41).

Tipificación: Ajustar varias cosas semejantes a un tipo o forma común. En el diseño de caso, la tipificación se refiere al hecho de tratar de resumir y de sintetizar en un caso o en un conjunto de casos, las características del objeto, persona, grupo o comunidad que se estudia. (Fernández de Silva, 2007, p. 358).

Transformación: Es la acción y efecto de transformar (hacer cambiar de forma a algo o alguien, transmutar algo en otra cosa)....Puede decirse que la transformación, por lo tanto, es el paso de un estado a otro. (http://definicion.de).

Valoración: Acción o efecto, a través del cual, se establece el grado de utilidad o aptitud de las cosas, para satisfacer las necesidades o proporcionar bienestar o deleite, generalmente mensurable en dinero. (Díaz, 1992, p. 184)

Verificación: Es someter a prueba la verdad de un enunciado, con el propósito de confirmarla. Se puede verificar un cálculo, rehaciéndolo o haciendo otro, o una hipótesis, sometiéndola a la experiencia. (Comte-Sponville, 2005, p. 551).

Sobre el Autor

Pablo Guevara Obando

Doctor en Ciencias Administrativas (Universidad Nacional Experimental Simón Rodríguez). Magíster Scientiarum y Especialista en Sistemas de Información (Universidad Católica Andrés Bello). Magíster Scientiarum y Especialista en Ciencias Administrativas (Universidad Central de Venezuela). Diplomado en Pedagogía (Universidad Pedagógica Experimental Libertador). Diplomado en Comando y Estado Mayor Naval (Escuela Superior de Guerra Naval). Graduado de Licenciado en Ciencias Navales en 1976 (Escuela Naval de Venezuela). **Ha realizado los siguientes cursos internacionales:** Mobile International Defense Management (Naval Postgraduate School) y Alta Dirección Internacional (Instituto Latinoamericano de Investigaciones Sociales).

Se ha desempeñado en la Educación Superior desde 1989, en las siguientes universidades e institutos de educación superior: UNEFA, UCV, UNESR, UPEL, UC, UNIV-YACAMBÚ, ESGN, ESGA, EPAR, IUMCOELFA, IUT-LA VICTORIA y CEMA. Fue Director de Informática de la Armada, Director del Centro de Adiestramiento Táctico de la Armada (CATA), Jefe de la División de Electrónica de la Fragata F-23, Director de Operaciones de la empresa Serenos Responsables, C.A. (SERECA) y Asesor General del Sistema Militar del Siglo XXI (SEM XXI) durante el lapso 2000-2005.

Tiene experiencia en investigación desde 1984. Ha sido calificado en el 2011 y 2013 como Investigador de nivel "A" por el Programa de Estímulo a la Investigación e Innovación (PEII) del Ministerio de Ciencia, Tecnología e Investigación. En la UNEFA durante el periodo 2005-2013 fue Coordinador del **Grupo de Investigación Tecnológica "TecnoNeuro"** y del Proyecto **"Observatorios y Metaobservatorios de Sectores Estratégicos de Venezuela"** (Obssev). Es Director General de Pi Byte Informática desde 1996.

Próximos Títulos del Autor

Planteamiento del Problema de un Proyecto de Investigación

Es una guía que especifica paso a paso como desarrollar el **Planteamiento del Problema** de un Proyecto de Investigación Científica o Tecnológica.

Marco Teórico para un Proyecto de Investigación

Es una guía que especifica paso a paso como desarrollar el **Marco Teórico** de un Proyecto de Investigación Científica o Tecnológica.

Marco Metodológico para un Proyecto de Investigación

Es una guía que especifica paso a paso como desarrollar el **Marco Metodológico** de un Proyecto de Investigación Científica o Tecnológica.

Como elaborar un Proyecto de Investigación

Es una guía que especifica paso a paso como desarrollar un **Proyecto de Investigación** Científica o Tecnológica.

Como desarrollar un Trabajo de Investigación

Es una guía que especifica paso a paso como desarrollar un **Trabajo de Investigación** Científica o Tecnológica.

Como elaborar Proyectos bajo el Enfoque del Marco Lógico

Es una guía que especifica paso a paso como desarrollar un **Proyecto bajo el Enfoque de Marco Lógico**.

Lectura Rápida para la Investigación

Es una guía que especifica paso a paso como desarrollar una **Lectura Rápida** para buscar información para una Investigación Científica o Tecnológica.

Referencias Bibliográficas

ACADEMIA.EDU (2018). *Definición de varios términos.* Página Web en línea]. Disponible: https://www.academia.edu/ [Consulta: 2018, Octubre 25].

ANDER-EGG, E. (2000). *Métodos y técnicas de investigación social. Cómo organizar el trabajo de investigación.* Vol. III. Buenos Aires: Lumen.

APRENDE EN LÍNEA (2018). *Las TIC como apoyo a la educación.* [Página Web en línea]. Disponible: http://aprendeenlinea.udea.edu.co/lms/investigacion/mod/page/view.php?id=3118 [Consulta: 2018, Mayo 31].

BELT.ES (2018). *Definición de capacidad de combate.* Página Web en línea]. Disponible: http://www.belt.es/noticias/2003/marzo/31/rvidal31.htm [Consulta: 2018, Octubre 27].

BELTRÁN, J. (1999). *Indicadores de gestión. Herramientas para lograr la competitividad.* Bogotá: 3R Editores.

BIBLIOTECA.ITSON.MX (2018). *Definición de alfabetización tecnológica.* Página Web en línea]. Disponible: http://biblioteca.itson.mx/oa/educacion/oa33/alfabetizacion_tecnologica/a2.htm [Consulta: 2018, Octubre 28].

BID.UB.EDU (2018). *Definición de ciencia abierta.* Página Web en línea]. Disponible: http://bid.ub.edu/es/40/uribe.htm [Consulta: 2018, Noviembre 07].

BRICEÑO, M. (1994). *Gestión tecnológica. La investigación aplicada en la empresa.* Caracas: Kinesis.

BURCH, J. Y STRATER, F. (1983). *Sistemas de información. Teoría y práctica.* México: Limusa.

CARABALLO, L. (1994). *Metodología en técnicas de escenarios.* Caracas: Planeta.

CÁRDENAS, N. (1974). *Un método de planeamiento estratégico.* Washington: Colegio Interamericano de Defensa.

CARRASQUERO N. Y TORRES M. (1991). *Tópicos en ingeniería de gestión.* Caracas: Facultad de Ingeniería, UCV.

CARUCCI, F. (1993). *La técnica de escenarios y su aplicación en la planificación estratégica por problemas.* Caracas: ILDIS.

CERDA, H. (2005). *Los elementos de la investigación.* 2ª Edic. Reimpresión. Bogotá: El Búho LTDA.

CHIAVENATO, I. (2004). *Introducción a la teoría general de la administración.* 5ª Edic. Colombia: McGraw-Hill.

CLAD. (2007). *Carta iberoamericana de gobierno electrónico.* . Adoptada por la XVII Cumbre Iberoamericana de Jefes de Estado y de Gobierno. Santiago de Chile: Centro Latinoamericano de Administración para el Desarrollo (CLAD).

COMTE-SPONVILLE, A. (2005). *Diccionario filosófico.* Barcelona: Paidós.

CONOCIMIENTOSWEB.NET (2018). *Definición de varios términos.* Página Web en línea]. Disponible: https://www.conocimientosweb.net [Consulta: 2018, Octubre 25].

DE ARCANGELIS, M. (1988). *Historia del espionaje electrónico.* Madrid: San Martín.

DEFINICION.DE (2018). *Definición de varios términos.* Página Web en línea]. Disponible: http://definicion.de/ [Consulta: 2018, Octubre 24].

DEFINICIONABC.COM (2018). *Definición de varios términos.* Página Web en línea]. Disponible: _https://www.definicionabc.com [Consulta: 2018, Octubre 24].

DIAZ, R. (1992). *Manual de términos bancarios.* Caracas: Banco Provincial.

DÍEZ, J. y MOULINES, C. (1999). *Fundamentos de filosofía de la ciencia. 2ª Edic.* Barcelona: Ariel, S.A.

E-ABCLEARNING.COM (2018). *Definición de eLearning.* [Página Web en línea]. Disponible: https://www.e-abclearning.com/queesunaplataformadeelearning/ Consulta: 2018, Noviembre 06].

ECONOMIA48.COM (2018). *Definición de estrategia tecnológica.* [Página Web en línea]. Disponible: http://www.economia48.com/spa/d/estrategia-tecnologica/estrategia-tecnologica.htm Consulta: 2018, Octubre 28].

ECONOMIPEDIA.COM (2018). *Definición de plan estratégico.* [Página Web en línea]. Disponible: http://economipedia.com/definiciones/plan-estrategico.html Consulta: 2018, Octubre 28].

ECURED.CU. (2018). *Definición de sistema de control de inventario.* [Página Web en línea]. Disponible: https://www.ecured.cu/Sistemas_de_control_de_inventarios Consulta: 2018, Octubre 27].

EDUCALINGO.COM (2018). *Definición de catalogación.* [Página Web en línea]. Disponible: https://educalingo.com/es/dic-es/catalogacion Consulta: 2018, Octubre 25].

EDWINGARCIA1975.BLOGSPOT.COM. (2018). *Definición de sistema de sistema de monitoreo.* [Página Web en línea]. Disponible: http://edwingarcia1975.blogspot.com/2013/02/monitoreo-seguimiento-y-evaluacion.html Consulta: 2018, Octubre 27].

EMPRESARIOS.ORG. (2018). *Definición de sistema gerencial.* [Página Web en línea]. Disponible: https://www.empresarios.org/cgi-bin/ericvzla/glosario/mostrar_contenido.cgi?codigo=46&termino=Sistemas%20gerenciales Consulta: 2018, Octubre 27].

ES.SCRIBD.COM (2018). *Definición de análisis cronológico.* [Página Web en línea]. Disponible: https://es.scribd.com/doc/71995128/Analisis-Cronologico [Consulta: 2018, Octubre 24].

ESAN.EDU.PE (2018). *Definición de sistema logístico integrado.* [Página Web en línea]. Disponible: https://www.esan.edu.pe/apuntes-empresariales/2018/03/que-caracteriza-al-sistema-logistico-integrado/ Consulta: 2018, Octubre 25].

FERNÁNDEZ DE SILVA, I. (2007). *Diccionario de investigación. Una comprensión holística.* 2ª Edic. Caracas: Servicios y Proyecciones para América Latina (SYPAL).

GARCÍA, F. (2005). *La investigación tecnológica. Investigar, idear e innovar en ingenierías y ciencias sociales.* México: Limusa.

GONZÁLEZ, J. (2004). *Diccionario de filosofía.* Madrid: Edaf.

HERNÁNDEZ, R., FERNÁNDEZ, C. y BAPTISTA, P. (2006). *Metodología de la investigación.* 4ª Edic. México: McGraw-Hill.
 https://www.locti.co.ve/inicio/repositorio/doc_download/15-aspectos-conceptuales-de-observatorios-y-del-sistema-nacional-de-observatorios.html [Consulta: 2018, Octubre 27].

HURTADO DE BARRERA, J. (2000). *Metodología de la investigación holística.* 3ª Edic. Caracas: SYPAL.

HURTADO DE BARRERA, J. (2006). *El proyecto de investigación. Metodología de la investigación holística.* 4ª Edic. Bogotá: Servicios y Proyecciones para América Latina (SYPAL).

HURTADO DE BARRERA, J. (2010). *Metodología de la investigación.* Guía para la comprensión holística de la ciencia. 4ª Edic. Caracas: Servicios y Proyecciones para América Latina (SYPAL).

INSTITUCIONES.SLD.CU (2018). *Definición de gestión de la información.* [Página Web en línea]. Disponible: http://instituciones.sld.cu/toximed/2017/04/16/que-es-gestion-de-la-informacion/ Consulta: 2018, Octubre 25].

JOHANNICOLINA.BLOGSPOT.COM (2018). *Definición de estrategias gerenciales*. [Página Web en línea]. Disponible: http://johannicolina.blogspot.com/2013/07/estrategias-gerenciales.html Consulta: 2018, Octubre 28].

KLEOS.WOLTERSKLUWER.COM (2018). *Definición de sistema de gestión inteligente.* [Página Web en línea]. Disponible: https://www.kleos.wolterskluwer.com/es/por-que-debes-integrar-un-sistema-de-gestion-inteligente-en-tu-despacho/ [Consulta: 2018, Octubre 29].

LANGHOFF, J. (2001). *Telecomunicaciones, guía fácil*. Barcelona: Ediciones Robinbook.

Ley Orgánica de Contraloría Social (2010). *Gaceta Oficial de la República Bolivariana de Venezuela*, 6.011 (Extraordinaria), Diciembre 21, 2010.

LOZANO, A. y BURGOS, J. Compiladores (2008). *Tecnología educativa en un modelo de educación a distancia centrado en la persona.* México: Limusa.

MAKRIDAKIS, S. y WHEELWRIGHT, S. (1997). *Manual de técnicas de pronósticos.* México: Limusa.

MANGANELLI, R. y KLEIN, M. (1997). *Cómo hacer reingeniería.* Bogotá: Norma.

MARCUS, R. y WATTERS, B. (2003). *Portales de conocimiento. Colaboración y productividad de nueva generación.* Madrid: McGraw-Hill.

MAS, M. (2005). *Desarrollo endógeno. Cooperación y competencia.* Caracas: Panapo.

MATUS, C. (1989). *Política, planificación y gobierno.* Caracas: Fundación Altadir.

MELINKOFF, R. (1987). *Los procesos administrativos.* Caracas: Contexto Editores.

MIKLOS, T. y TELLO, M. (1993). *Planeación prospectiva: una estrategia para el diseño del futuro.* México: Limusa.

MUÑOZ, J. y VELARDE, J. (2000). *Compendio de epistemología.* Madrid: Trotta.

NASER, A. y CONCHA, G. (2011). *El gobierno electrónico en la gestión pública.* Santiago de Chile: ILPES-CEPAL.

Norma COVENIN 3049:1993. Mantenimiento-Definiciones. Caracas: Fondonorma.

OFICINAS VIRTUALES (2018). *Definición de oficina virtual*. [Página Web en línea]. Disponible: http://oficinas-virtuales.org/definicion-de-oficina-virtual/ [Consulta: 2018, Octubre 25].

ONCTI (2010). *1° Encuentro de Observatorios Nacionales. Aspectos conceptuales de los observatorios*. [Documento en Línea]. Disponible:

PALACIOS, L. (2002). *Benchmarking de proyectos en Venezuela*. Caracas: Universidad Católica Andrés Bello (UCAB).

PFAFFENBERGER, B. (1995). *Diccionario para usuarios de computadoras e internet*. México: Prentice-Hall.

PLAZA, V (2013). *La concepción estratégica y el liderazgo*. [Página Web en línea]. Disponible: http://plazaconsultores.com/la-concepcion-estrategica-y-el-liderazgo/ [Consulta: 2018, Octubre 25].

PYME.LAVOZTX.COM. (2018). *Definición de sistema información gerencial*. [Página Web en línea]. Disponible: https://pyme.lavoztx.com/qu-es-un-sistema-de-gestin-de-la-informacin-7690.html [Consulta: 2018, Octubre 27].

RELIABILITYWEB.COM (2018). *Definición de plan de mantenimiento*. [Página Web en línea]. Disponible: https://reliabilityweb.com/sp/articles/entry/definicion-de-las-frecuencias-para-un-plan-de-mantenimiento [Consulta: 2018, Octubre 28].

ROSENTAL, M. e IUDIN, P. (2004). *Diccionario filosófico*. Bogotá: Ediciones Universales.

SÁNCHEZ, E. (2014). *Clasificación de las telecomunicaciones*. [Página Web en línea]. Disponible: https://prezi.com/l0uoaysu5es0/clasificacion-de-las-telecomunicaciones/ [Consulta: 2018, Mayo 29].

SCIELO.CONICYT.CL (2018). *Definición de problema*. [Página Web en línea]. Disponible: https://scielo.conicyt.cl/scielo.php?script=sci_arttext&pid=S0717-95532003000200003 [Consulta: 2018, Noviembre 02].

SCIELO.SLD.CU (2018). *Definición de gestión del conocimiento*. [Página Web en línea]. Disponible: http://scielo.sld.cu/scielo.php?script=sci_arttext&pid=S1024-94352001000200004 [Consulta: 2018, Octubre 28].

SEXTO, L. (2017). *Tipos* de mantenimiento ¿cuántos y cuáles son? [Página Web en línea]. Disponible: http://planetrams.iusiani.ulpgc.es/?p=2261&lang=es/ [Consulta: 2018, Mayo 31].

SHUSTER, F. (2005). *Explicación y predicción: la validez del conocimiento en ciencias sociales*. 3ª Edic. Buenos Aires: Consejo Latinoamericano de Ciencias Sociales (CLACSO).

SIERRA, R. (1999). *Tesis Doctorales y trabajos de Investigación Científica*. 5ª Edic. Madrid: Paraninfo.

SIGCALIDAD.BLOGSPOT.COM (2018). *Definición de sistema de información estratégica*. [Página Web en línea]. Disponible: http://sigcalidad.blogspot.com/ [Consulta: 2018, Octubre 29].

SIGNIFICADOS (2018). *Significado de telecomunicaciones*. [Página Web en línea]. Disponible: https://www.significados.com/telecomunicaciones/ [Consulta: 2018, Mayo 30].

SKOS.UM.ES (2018). *Definición de varios términos*. [Página Web en línea]. Disponible: https://skos.um.es/unesco6/?l=es [Consulta: 2018, Noviembre 1].

TECNOSEGURO.COM (2018). *Definición de sistema de control de acceso.* [Página Web en línea]. Disponible: https://www.tecnoseguro.com/faqs/control-de-acceso/que-es-un-control-de-acceso [Consulta: 2018, Octubre 27].

TIBEL.COM (2018). *Definición de sistema de gestión administrativa.* [Página Web en línea]. Disponible: http://www.tibel.com/sistema-de-gestion-administrativa [Consulta: 2018, Octubre 27].

UNIPAMPLONA.EDU.CO (2018). *Definición de modelo gerencial.* [Página Web en línea]. Disponible: http://www.unipamplona.edu.co/unipamplona/portalIG/home_168/recursos/general/07052015/modelosgerenciales.pdf [Consulta: 2018, Octubre 28].

UNIVERSIDAD POLITÉCNICA DE CARTAGENA (2018). *Nomenclatura para los campos de las ciencias y las tecnologías.* [Página Web en línea]. Disponible: http://www.et.bs.ehu.es/varios/unesco2.php#3325 [Consulta: 2018, Mayo 30].

USNI.ORG (2018). [Página Web en línea]. Disponible: https://www.usni.org/store/books/navy-textbooksprofessional-reading/naval-operations-analysis [Consulta: 2018, Octubre 24].

WORDREFERENCE.COM (2018). [Página Web en línea]. Disponible: http://www.wordreference.com/ [Consulta: 2018, Octubre 25].

YURÉN, M. (2002). *Leyes, teorías y modelos.* México: Trillas.

www.ingramcontent.com/pod-product-compliance
Lightning Source LLC
Chambersburg PA
CBHW041204180526
45172CB00006B/1182